Die Strömung in Röhren

und die

Berechnung
weitverzweigter Leitungen und Kanäle

mit Rücksicht auf

Be- und Entlüftungsanlagen, Grubenbewetterung,
Gastransport, pneumatische Materialförderung etc.

Von

Dr.-Ing. Viktor Blaeß

Regierungsbaumeister
Privatdozenten an der Großh. Techn. Hochschule Darmstadt

Mit 72 in den Text gedruckten Abbildungen

Textband

München und Berlin
Druck und Verlag von R. Oldenbourg
1911

Vorwort.

D ie vorliegende Untersuchung über Schwachdruckleitungen
zur Förderung von Luft und Gasen ist aus der Praxis
entstanden, und ihr Zweck ist in erster Linie, den praktischen Bedürfnissen zu dienen und eine Reihe von Fragen
zu behandeln, welche sich auf die Strömung in einfachen
und zusammengesetzten Röhren und Kanälen bei geringer
Druckdifferenz beziehen.

Schwachdruckleitungen haben in dem Maße an Bedeutung gewonnen, als die Verwendung der verschiedenen Gase
zu Licht- und namentlich Kraftzwecken zugenommen hat,
als die neueren gesundheitlichen Bestrebungen mehr und
mehr sich die rationelle Be- und Entlüftung, die Entdünstung
und Entstaubung von Wohn- und besonders Arbeitsräumen
u. dgl. zum Ziele gesetzt hat, und als diese Leitungen zu den
verschiedensten Zwecken, wie z. B. Materialtransport in wei-
terem Maße gebraucht werden. — Es ist offensichtlich, daß
bei den verhältnismäßig geringen Drücken, welche durch den
natürlichen Auftrieb oder bei größeren Anlagen mittels Ventilatoren aufgebracht werden, weit mehr mit den einzelnen
Strömungsverlusten gerechnet werden muß, als bei Hoch-
druckanlagen, bei denen die Strömung zwangläufig geschaffen
wird und bei welchen die etwa auftretenden Verluste in bezug
auf die Gesamtenergie kaum von Bedeutung sind.

Die große Anzahl nicht einwandsfrei ausgeführter Anlagen, welche man bei einiger Aufmerksamkeit aller Orten
in der Industrie findet und welche eine nicht unbeträcht-
liche Summe verlorenen Kapitals darstellen, beweist, daß,

wenn man heute überhaupt dem scheinbar einfachen Maschinenelement »Rohrleitung« eine Berechnung zuteil werden läßt, diese nicht sorgfältig unter Berücksichtigung aller wichtigen Umstände angestellt wird. Zur Kennzeichnung der Verhältnisse sei z. B. der Fall erwähnt, daß in einem größeren Hüttenwerk eine mehrere Kilometer lange Zweigleitung von 1500 mm Rohrdurchmesser zur Förderung von Gichtgas einzig nach Gefühl bzw. oberflächlicher Schätzung dimensioniert wurde, und daß diese hiernach so ausfiel, daß unter den größten Schwierigkeiten nur etwas mehr wie die Hälfte des ursprünglich geplanten Betriebes aufrecht erhalten werden konnte.

Es sei hier der Versuch gemacht, das Verhalten von Rohrleitungen einfacher und zusammengesetzter Art rechnerisch zu bestimmen, wobei bezüglich der Strömungswiderstände ein neues graphisches Verfahren benutzt wird, das den Gesamtwiderstand von mehreren Einzelwiderständen nach Art der Zusammensetzung von Kräften zu bestimmen gestattet. Die Grundlage hierzu bildet der Begriff des äquivalenten Querschnitts, der in einem besonderen Abschnitt behandelt ist, nachdem in kurzer Form die hydrodynamische Auffassung der geregelten Bewegung und ferner die empirischen Ergebnisse bei der in der Technik fast ausschließlich vorkommenden turbulenten Bewegung dargelegt sind. Mit Hilfe eines besonderen »Rohratlasses« ist alsdann in einem weiteren Abschnitt eine größere Zweigleitung bei Unterdruck rechnerisch untersucht, um die Ergebnisse kritisch mit Versuchsdaten vergleichen zu können, welche der Verfasser an der ausgeführten Leitung zu beobachten Gelegenheit hatte. Aus praktischen Gründen mußte stets die wirtschaftliche Gestaltung der Leitungen betont werden, was namentlich für größere und verzweigte Anlagen wichtig ist. Gegen Schluß der Ausführung wurde in knapper, übersichtlicher Weise die Theorie der Ventilatoren besprochen, da diese bei Schwachdruckleitungen hauptsächlich als Arbeitsmaschinen zur Erzeugung der nötigen Druckdifferenz in Betracht kommen. Im letzten Kapitel, sozusagen als Anhang, ist endlich noch auf die Bestimmung von Druck und Geschwindigkeit in Röhren und

Kanälen eingegangen, da erfahrungsgemäß in der Praxis sehr häufig entgegenstehende Ansichten über dieses wichtige Gebiet technischer Messungen auftreten.

Im Ganzen bleibt zu erwähnen, daß die Untersuchungen, bei geringer Abänderung der Erfahrungswerte, ohne weiteres auch für die Strömung tropfbarer Flüssigkeiten, also namentlich von Wasser gültig sind, was für Heizungsanlagen, Wasserversorgung u. dgl. von Bedeutung ist. Ein näheres Eingehen hierauf war nicht im Rahmen dieser Abhandlung gelegen und mußte aus diesem Grunde unterbleiben.

Eine besondere Pflicht des Verfassers ist es, Herrn Ingenieur F. A. Hackmann in Darmstadt für die gewissenhafte Berechnung und Aufzeichnung des hier beigegebenen Rohratlasses, sowie der Beispiele im Text aufrichtigsten Dank auszusprechen.

Darmstadt, im September 1910.

Dr.-Ing. **Viktor Blaeß.**

Inhaltsübersicht.

1. Kurzer geschichtlicher Überblick, theoretische Grundbegriffe.

Die Erfahrung zeigt, daß zum Durchleiten einer Flüssigkeit irgend welcher Art, tropfbar oder gasförmig, durch eine gerade, glatte und z. B. runde Rohrleitung ein gewisser Überdruck gehört, der besonders abhängig ist von der Größe der Durchflußgeschwindigkeit, von der Länge und dem Durchmesser der Leitung und von der Art der Flüssigkeit. Abgesehen von den Eintrittsverlusten und der Pressung zur Erzeugung der Austrittsgeschwindigkeit am Ende der Leitung dient dieser Überdruck dazu, die durch die Strömung im Rohr erzeugten Reibungswiderstände zu überwinden, die ihren Sitz namentlich an der inneren Oberfläche des Leitungsrohres haben und von da aus infolge der natürlichen Zähigkeit der fließenden Substanz auf deren inneren Teil wirken, wobei dieser je nach der Strömungsgeschwindigkeit in stark wirbelnde Bewegung versetzt wird.

Das Bestreben, die Gesetzmäßigkeit dieser Reibungswiderstände kennen zu lernen, reicht weit, bis in den Anfang des vorvorigen Jahrhunderts zurück: Über den Widerstand bewegten Wassers in Röhren legte schon P i t o t einige Untersuchungen in den Memoiren der Pariser Akademie im Jahre 1728 nieder, und für Gase, namentlich für Luft- und Leuchtgas, wurden die ersten beachtenswerten Versuche von S c h m i d t in Gießen, K o c h in Königshütte a. H. und anderen am Beginn des vorigen Jahrhunderts ausgeführt. Den beschränkten Hilfsmitteln der damaligen Zeit entsprechend, die Versuche wurden z. B. mit Rohrleitungen angestellt, die aus Flintenläufen zusammengesetzt waren, fielen auch die Resultate wenig vertrauenswürdig aus. Ausgedehntere Beobachtungen für Luft stellte D'Aubuisson im Jahre 1827 an, und zwar mit langen Röhren aus Weißblech von 100 mm Durchm. und bis fast 400 m Länge, deren Ergebnisse schon recht befriedigten. Diese Versuche mehrten sich von jetzt ab und Hand in Hand damit gingen anerkennenswerte Arbeiten über die allgemeine Theorie der Flüssigkeitsbewegung. Hier schließen sich die Untersuchungen an von Arson und von Weisbach, nach welch letzteren dann Grashof mit erstaunlicher Schärfe auf die Widerstände von Rohrleitungen beliebiger Durchmesser geschlossen hat.

In neuerer Zeit haben sich namentlich Stockalper, Gutermuth, Lorenz und andere Verdienste um Versuche und theoretische Behandlung der Strömungsfragen erworben. Mit Bezug auf den Zweck der vorliegenden Abhandlung sind noch besonders die neuesten Arbeiten von Rietschel und diejenige des französischen Ingenieurs P. Petit zu erwähnen, deren Betrachten sich wesentlich dem Strömen atmosphärischer Luft in Röhren zu Zwecken der Belüftung zugewandt hat.

Stellt man die wesentlichsten Versuche, welche in bezug auf die Luftreibung ausgeführt wurden, einheitlich zusammen, so ist unverkennbar, daß bei Unterlegung von ähnlichen und selbst genau gleichen Verhältnissen sehr große Verschiedenheiten in den Resultaten der einzelnen Beobachter auftreten. Dies trifft beachtenswerterweise in desto höherem Maße zu, je enger die zur Beobachtung benutzten Röhren sind. Es liegt völlig klar, daß die oft sehr reichlichen Differenzen nicht auf geringwertige Arbeiten der Autoren zurückzuführen sind, sondern in erster Linie auf den Schwierigkeiten beruhen, die naturgemäß mit derartigen Versuchen verknüpft sind. Die außerordentlich große innere Beweglichkeit, welche im Gegensatz zu den festen Körpern die Flüssigkeiten charakterisiert, das verschiedene physikalische Verhalten von Teilchen zu Teilchen, sowie von Flüssigkeit zu fester Grenzfläche und vieles andere, wozu noch Schwierigkeiten in der Messung der notwendigsten Größen kommen, mildern wohl das anfänglich Befremdliche des Gesamtüberblickes und machen von vornherein mit dem Gedanken vertraut, daß es wohl nicht leicht gelingen kann, das praktisch so wichtige Kapitel »Rohrströmung« auf dasjenige Niveau der exakten Forschung zu bringen, das technischerseits allgemein gefordert wird.

Hand in Hand mit den experimentellen Schwierigkeiten geht übrigens auch die mathematisch-physikalische Untersuchung der Aufgabe. Sofern die mittlere Strömungsgeschwindigkeit im Rohr unterhalb einer ganz bestimmten Grenze liegt, welche von der Art der Flüssigkeit und dem Rohrdurchmesser abhängt, sind die analytischen Resultate vollkommen im Einklang mit den tatsächlich gefundenen.

Das im Jahre 1842 von P o i s e u i l l e rein empirisch aufgestellte Gesetz, wonach die Durchflußmenge pro Einheit des Überdruckes proportional der vierten Potenz des Durchmessers und umgekehrt proportional der Rohrlänge ist, wurde in aller Strenge von H a g e n b a c h , N e u m a n n , H e l m - h o l t z aus den hydrodynamischen Grundgleichungen, unter Berücksichtigung der Reibung bestätigt und es wurde zugleich die Geschwindigkeitsverteilung über den Rohrquerschnitt ermittelt, welche paraboloidisch verläuft, wobei die Geschwindigkeit von der Rohrachse nach der Wand zu abnimmt und hier ganz verschwindet, so daß die Teilchen, die sich einmal an die Wand gelagert haben, dort haften bleiben. Diese Poiseuillesche Strömung kennzeichnet sich durch eine gewisse Stabilität der Bewegung derart, daß keine unregelmäßigen schlierenbildenden Erscheinungen auftreten, obgleich die Strömung im Sinne der Hydrodynamik n i c h t w i r b e l - f r e i ist!

Mit größerer Geschwindigkeit wechselt nun der Vorgang, wie Reynolds durch gefärbte Flüssigkeitsfäden nachwies: die Bewegung wird zunächst labil, um sich dann bei größerem Durchfluß dauernd in regellos-verschlungene und ständig wechselnde Stromfäden aufzulösen, wobei sich das Druckhöhengesetz, welches vorher proportional der ersten Potenz der Geschwindigkeit war, derart ändert, daß jetzt die Reibungsverluste ungefähr proportional der zweiten Potenz werden. Wie schon das Gefühl sagt, ist diese Wirkung ohne

1*

Zweifel den regellosen Wirbeln zuzuschreiben, die ständig von neuem rasch laufende Flüssigkeitsmasse aus der Mitte der Röhre an die Wand führen, wo Verzögerungen und, damit verbunden, starke Reibungsverluste entstehen.

Wie bekannt ist, hat N e w t o n, und zwar im Jahre 1687, eine Hypothese über die Reibung von Flüssigkeiten aufgestellt, die in allen Punkten heute noch als zutreffend angesehen wird. Erfahrungsgemäß kommt jede Flüssigkeit bei irgendeiner Art der Bewegung nach Ablauf einer bestimmten Zeit wieder zur Ruhe, wenn nicht äußere Kräfte den Bewegungszustand aufrecht erhalten. Wie bei festen Körpern führt man diese Erscheinung auf die Reibung zurück und die Newtonsche Hypothese besagt, daß die Reibung zwischen zwei benachbarten Schichten zunächst vom Druck der Flüssigkeiten unabhängig ist, und daß sie ferner der Größe der reibenden Schichten und dem Geschwindigkeitsunterschied dieser proportional ist. Das oben genannte Poiseuillesche Ausflußgesetz läßt sich ohne Schwierigkeit aus den Annahmen von N e w t o n herleiten und restlos erklären, es bildet somit, worauf Prof. O. Reynolds hinwies, eine äußerst strenge Probe der Newtonschen Gesetze. Von diesen ist besonders merkwürdig, daß die Flüssigkeitsreibung unabhängig vom Drucke sein soll. Untersuchungen von R ö n t g e n und W a r b u r g hierüber haben dies noch bei Drücken von 250 Atm. bis auf kleine Unterschiede bestätigt, wobei sie fanden, daß bei Wasser im Gegensatz zu anderen Flüssigkeiten die Reibung bei größerem Drucke merkwürdigerweise noch etwas abnimmt. (Vergl. z. B. Winkelmann Handbuch der Physik 1891, S. 594.)

Die exakte Behandlung des Reibungsproblems stützt sich auf die Grundsätze der Hydrodynamik. Des Überblickes wegen und besonders, um die Strömungserscheinungen in einem Rohre bei langsamer Bewegung, bei welcher die beste Übereinstimmung zwischen Theorie und Wirklichkeit herrscht, genau verfolgen zu können, sei hier in kurzem auf eine einfache Ableitung der hydrodynamischen Grundgleichungen für zähe Flüssigkeiten, also unter Berücksichtigung der Reibung hingewiesen:

Denkt man sich drei Schichten einer zähen Flüssigkeit, die in gleichen Stärken dy aufeinander gelagert sind, mit nach oben wachsenden Geschwindigkeiten fließen, so ist nach Fig. 1, wenn u die Geschwindigkeit der Schicht I ist: $u +$ dem Zuwachs $\dfrac{\partial u}{\partial y} dy$ die Geschwindigkeit u_2. Um u_3 zu finden, verfährt man nach demselben Gesetz, wie u_2 aus u abgeleitet ist, nämlich

$$u_3 = u_2 + \frac{\partial u_2}{\partial y} dy = u + \frac{\partial u}{\partial y} dy + \frac{\partial u}{\partial y} dy + \frac{\partial^2 u}{\partial y^2} dy^2$$

$$u_3 = u + \frac{2 \partial u}{\partial y} dy + \frac{\partial^2 u}{\partial y^2} dy^2.$$

Die Mittellinie der Schicht I wird sich also um $\dfrac{\partial u}{\partial y} dy$ langsamer bewegen als die Mittellinie der Schicht II, und sie wird deshalb hemmend auf deren Bewegung einwirken. Denkt

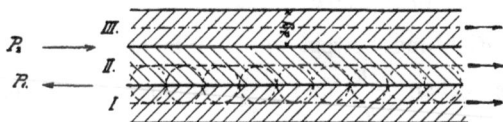

Fig. 1.

man sich zwischen diese Mittellinien sehr kleine Kugeln vom Durchmesser dy gelegt, so rollen diese mit der mittleren Winkelgeschwindigkeit $\omega = \frac{1}{2} \dfrac{\partial u}{\partial y}$. Zur Bestimmung der hemmenden Kraft der Schicht I kann man das Newtonsche Gesetz so auffassen, als ob diese Kraft pro Oberflächeneinheit proportional der Winkelgeschwindigkeit dieser Kugeln ist. Ist η eine Proportionalitätskonstante, so wirkt auf die Fläche $dx \cdot dz$ die hemmende Kraft:

$$P_1 = - \eta \frac{\partial u}{\partial y} dx\, dz,$$

wobei das negative Zeichen zu nehmen ist, weil P_1 der Bewegung entgegenwirkt. Die Schicht III bewegt sich gegenüber II um $\dfrac{\partial u}{\partial y} dy + \dfrac{\partial^2 u}{\partial y^2} d y^2$ schneller und wirkt aus dem

gleichen Grunde wie vorhin mit P_2, aber jetzt beschleunigend
auf diese:

$$P_2 = + \eta \left(\frac{\partial u}{\partial y} + \frac{\partial^2 u}{\partial y^2} dy \right) dx \, dz.$$

Die hier zu betrachtende Schicht II wird also unter dem
Einflusse der Zähigkeit mit einer Kraft pro Fläche $dx \cdot dz$
bewegt, die gleich ist

$$P_2 + P_1 = \eta \frac{\partial^2 u}{\partial y^2} dy \, dx \, dz.$$

Ein Elementarwürfelchen kann als Gemeinsames dreier aufeinander senkrecht stehender Schichten aufgefaßt werden,
und nach der u-Richtung läßt sich für jede Seite der Kraft-
überschuß feststellen, so daß also das Flüssigkeitselement
mit einer von der Zähigkeit herrührenden Gesamtkraft gleich
der Summe der Einzelkräfte

$$\eta \left(\frac{\partial^2 u}{\partial x^2} + \frac{\partial^2 u}{\partial y^2} + \frac{\partial^2 u}{\partial z^2} \right) dx \, dy \, dz$$

nach der u-Richtung bewegt wird. Wie in der Elastizitäts-
theorie entsprechen $\frac{\partial^2 u}{\partial y^2}$ und $\frac{\partial^2 u}{\partial z^2}$ Schub- oder Tangential-
kräften, $\frac{\partial^2 u}{\partial x^2}$ aber einer Normalkraft.

Betrachtet man nun ferner den Flüssigkeitswürfel von
der Dichte ϱ, so wirkt außer der Schwerkraft X pro Kubik-
einheit noch der Druckunterschied $\frac{\partial p}{\partial x} dx$ in der u-Richtung, so
daß das Produkt Masse $\times$ Beschleunigung, das von allen diesen
Kräften herrührt, folgendermaßen geschrieben werden kann

$$\varrho \, dx \, dy \, dz \, \frac{du}{dt} = X \, dx \, dy \, dz - \frac{\partial p}{\partial x} dx \, dy \, dz + \eta \, \varDelta \, u \, dx \, dy \, dz,$$

wo unter $\varDelta u = \frac{\partial^2 u}{\partial x^2} + \frac{\partial^2 u}{\partial y^2} + \frac{\partial^2 u}{\partial z^2}$ verstanden sein soll. Die
gleichen relativ einfachen Überlegungen führen zu zwei wei-
teren Beziehungen in den anderen Richtungen und man hat
allgemein entsprechend der Gleichung

$$\varrho \, \frac{du}{dt} = X - \frac{\partial p}{\partial x} + \eta \, \varDelta \, u,$$

noch zwei weitere gleichgebaute Beziehungen, in denen statt
u die Geschwindigkeiten v und w stehen, statt X die Kräfte
Y, Z.

　　Ist $\eta =$ Null, so gehen die Gleichungen in die Eulerschen
Grundgleichungen über für ideale, also reibungslose Flüssigkeiten, desgleichen wenn, wie leicht zu beweisen, die Bewegung wirbelfrei ist, wenn sich also die bildlich gebrauchten
Kugeln nicht drehen.

　　Von der soeben abgeleiteten Beziehung soll jetzt Gebrauch
gemacht werden zur Untersuchung einer stationären Strömung in einem langen zylindrischen Rohr. Geht die Bewegung
langsam vor sich ohne äußere Störung, so bewegen sich die
einzelnen Teilchen alle parallel zur Achse, und wenn man
von der Schwerkraft absieht, da das Rohr horizontal lagernd
gedacht ist, hat man

$$\varrho\,\frac{du}{dt} = -\,\frac{\partial p}{\partial x} + \eta\left(\frac{\partial^2 u}{\partial y^2} + \frac{\partial^2 u}{\partial z^2}\right).$$

Die Beschleunigung $\dfrac{du}{dt}$ ist Null, da sich die Geschwindigkeit u
aus Gründen der Kontinuität nicht ändern kann; ferner ist
die Größe $\dfrac{\partial p}{\partial x}$, d. i. die allmähliche Druckabnahme, als konstant $= c$ anzunehmen, wie auch die Erfahrung lehrt. Hier-
nach hat man die Gleichung

$$\eta\left(\frac{\partial^2 u}{\partial y^2} + \frac{\partial^2 u}{\partial z^2}\right) = c,$$

deren Lösung unter der Bedingung, daß die Geschwindigkeit
längs des Rohrmantels, also für den Radius R verschwindet,
folgende ist:

$$u = \frac{c}{4\,\eta}\,[(y^2 + z^2) - R^2],$$

wie man sich leicht durch Differentiation überzeugen kann.
Schreibt man $y^2 + z^2 = r^2$, wo r den Abstand eines Teil-
chens von der Rohrmittellinie ist, so geht die Gleichung über in

$$u = \frac{c}{4\,\eta}\,(r^2 - R^2)$$

und hiernach nimmt, wie erwähnt, u nach einem Paraboloid
ab (Fig. 2).

Wie schon bemerkt, stehen die Versuchsresultate mit
diesen rechnerischen Ergebnissen in vollster Übereinstimmung

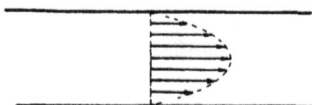

Fig. 2.

durch das Poiseuillesche Gesetz
und es läßt sich auch einsehen,
daß keine oder nur eine ganz
geringe Verschiebung der an der
Wand gelagerten Teilchen möglich ist:

Denkt man sich, wie bei der Erklärung der inneren Reibung, die Teilchen an der Wand aus winzigen Kügelchen bestehend, so müßten sich diese bei einer endlichen Fortbewegung
der Randflüssigkeit mit unendlich großer Winkelgeschwindigkeit drehen, was aber wegen der hierdurch bedingten unendlich
großen Reibung unmöglich ist; die Teilchen müssen also am
Rande verbleiben, wie es die Erfahrung mit verschieden ge-
färbten Flüssigkeitsschichten auch bestätigt. Hierbei ist aber
besonders zu bemerken, daß trotz vollkommenster Haftung
die Teilchen rotieren und zwar mit ganz gleichförmiger Geschwindigkeit. Man kann diese aus

$$u = \frac{c}{4\,\eta}\,(r^2 - R^2)$$

leicht feststellen, da die Drehgeschwindigkeit ω ist

$$\omega = \frac{1}{2}\,\frac{\partial u}{\partial r}.$$

Durch Differentiation findet man

$$\omega = K \cdot r.$$

Diese Drehgeschwindigkeit der einzelnen Teile ist also in der
Mittellinie des Rohres Null und nimmt proportional mit dem
Radius nach dem Rande hin zu. Die Drehachse aller dieser
kleinen Teilchen ist, wie es auch nach den Reibungskräften
nicht anders möglich, senkrecht zur Rohrmittellinie gerichtet
und die Verbindung aller benachbarten Achsen ergeben Kreise,
um die sich die Wirbelungen vollziehen; vergleiche neben-
stehendes perspektivisches Bild (Fig. 3).

Die ganze Bewegung durch das Rohr löst sich also in lauter Kreiswirbel auf und der Druckverlust wird dazu benutzt, diesen „zarten Mechanismus" zu betätigen und im Gang zu halten. Zu bemerken ist, daß sich die Rotationen äußerlich nicht bemerkbar machen, und daher das Durchfließen dem Auge als vollständig gleichförmig erscheint.

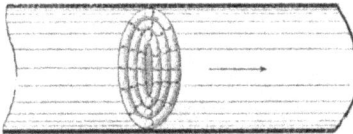

Fig. 3.

Diese Erscheinungen, welche hier absichtlich etwas länger erörtert wurden, entsprechen aber keineswegs denjenigen, welche bei den technischen Problemen der Rohrreibung in Betracht kommen, denn sie gelten nur bei ganz geringen Durchflußgeschwindigkeiten, die um so geringer sein müssen, je größer der Rohrdurchmesser ist. Beim Überschreiten einer gewissen charakteristischen Geschwindigkeit zeigt sich der Fluß dem Anblick nach als unruhig zuckend, wie im labilen Gleichgewicht fließend, und er geht bei den normalen technischen Geschwindigkeiten in ein unendliches Gewirre der wildesten Wirbel über. Der oben beschriebene geordnete Mechanismus der Bewegung ist gestört und damit tritt, wie schon gesagt, ein anderes Druckhöhengesetz ein, das annähernd durch die zweite Potenz der Geschwindigkeit ausgedrückt werden kann. Von jetzt ab ist auch die benetzte Rohrfläche von Einfluß, was deutlich zeigt, daß jene, die Bewegung fördernde Kugelanordnung am Umfang, um nicht zu sagen „Kugellagerung", nicht mehr wirksam ist. — Die turbulente Bewegung der Flüssigkeiten, welche die ganze technische Rohrströmung einschließt, ist namentlich von den englischen Forschern Lord R a y l e i g h , Lord K e l v i n und R e y n o l d s untersucht worden. Sie haben das Problem von ganz verschiedenen Seiten angefaßt, indessen kann man sagen, daß deren Bemühungen, auf theoretischem Wege zu einem Aufschluß zu kommen, im ganzen kaum einen schwachen Lichtstrahl auf die überaus verwickelten Vorgänge geworfen haben. — Die Schwierigkeiten dieses rein praktischen Problems bieten, wie es so häufig der Fall ist, jeder exakten Untersuchung Trotz und verschulden eben, daß das für die gesamte Technik so außerordentlich wichtige und elementare Gebiet der Rohrströmung bis auf den heutigen Tag noch ganz und gar Sache der Erfahrung geblieben ist.

2. Die hauptsächlichsten Versuchsergebnisse.

Bei der Ausführung von Versuchen zur Erforschung der Rohrreibungswiderstände hatte man immer erkannt, daß die hemmende Kraft, welche zu überwinden ist, vorzugsweise von der benetzten Fläche des Rohres abhängt und fast genau proportional der Geschwindigkeitsdruckhöhe der Flüssigkeit ist. Der sinngemäße Ansatz lautet also

$$P = c\, U\, l\, \frac{\gamma\, v^2}{2\, g},$$

wobei die, den Flüssigkeitszylinder verschiebende Kraft P in einfacher Weise durch den aufzuwendenden Druck H ausgedrückt werden kann:

$$P = F \cdot H,$$

so daß

$$H = c\, \frac{U}{F}\, l\, \frac{\gamma\, v^2}{2\, g}.$$

Drückt man für kreisrunde Rohre den Umfang U und den Querschnitt F durch den Durchmesser D aus, so ist

$$H = \lambda\, \frac{l}{D}\, \frac{\gamma\, v^2}{2\, g},$$

wo λ einen besonderen Erfahrungswert darstellt, welcher jedoch begrifflich durchaus nicht mit dem Newtonschen Koeffizienten der sog. äußeren Reibung einer Flüssigkeit gegenüber fester Grenze verwandt ist. — Da dieser Koeffizient an Stelle von bis jetzt noch nicht bekannter Gesetze tritt, so ist auch von vornherein zu erwarten, daß er keine unveränderliche Größe sein wird; im allgemeinen wird er sich ändern mit

wechselnder äußerer Reibung (Flüssigkeit gegen Begrenzung)
desgleichen mit der Größe der inneren Reibung oder Zähigkeit
(Flüssigkeit gegen Flüssigkeit), ferner aber auch mit dem
Durchmesser der Leitung und der Geschwindigkeit, da hiervon
wesentlich die Art und die Intensität der Wirbelungen ab-
hängen. —

In älteren Schriften findet man λ noch als Konstante
angegeben. Mit wachsender Zahl einwandsfrei ausgeführter
Versuche erkannte man indessen die Veränderlichkeit dieses
Koeffizienten, welcher man alsdann durch eine Funktion des
Durchmessers und der Geschwindigkeit gerecht zu werden
suchte. Für Luft folgerte W e i s b a c h aus fremden und
eigenen Versuchen, wie aus dessen Ingenieur-Mechanik vom
Jahre 1862 zu entnehmen ist, daß λ umgekehrt proportional
zur Wurzel aus der Geschwindigkeit sei, also, wenn mit a_1 etc.
feste Konstante bezeichnet werden:

$$\lambda = \frac{a_1}{\sqrt{v}}.$$

Der Direktor der Dresdener Gasbeleuchtungsanstalt B l o c h -
m a n n gab dann um die gleiche Zeit für λ die Formel an

$$\lambda = a_2 + \frac{b_2}{\sqrt{v}}.$$

G r a s h o f , welcher sich besonders mit der Bewegung von
Gasen und Dämpfen in langen Rohrleitungen befaßte, stellte
die weitere Formel auf

$$\lambda = a_3 + \frac{b_3 + c_3 D}{D \sqrt{v}}$$

In neuester Zeit wurden mit Hinsicht auf die Wichtigkeit der Frage besonders für Schiffsbelüftung u. dgl. um-
fassende Versuche vorgenommen und zwar auf Veranlassung
und mit Unterstützung der Kaiserl. Werft in Kiel. Die Ergebnisse der von Prof. R i e t s c h e l - Berlin an Blechleitungen ausgeführten Versuche[1]) lassen sich zusammenfassen

---

[1]) R i e t s.c h e l , Zeitschrift für die ges. Kälteindustrie 1905,
Heft 10 und 11; 1906, Heft 1.

in einem Ausdruck für λ von der Form

$$\frac{\lambda}{4} = 0{,}00309 + \frac{0{,}00209}{v} + \frac{0{,}000337}{u} + \frac{0{,}000878}{v \cdot u},$$

wo unter u der Leitungsumfang verstanden ist. — Wie man erkennt, ist hier λ von nicht mehr ganz einfacher Bauart und es zeigt sich deutlich, daß mit weiterer Untersuchung das Gesetz des Widerstandskoeffizienten immer verwickelter wird.

Im Jahre 1907 erschien in den Mitteilungen über Forschungsarbeiten des Vereins Deutscher Ingenieure eine Abhandlung von R. B i e l über Druckhöhenverluste[1]), worin versucht wird, das bis dahin vorliegende gesamte Versuchsmaterial über Rohrleitungswiderstände für sämtliche Flüssigkeiten in dasselbe Gesetz zu kleiden. B i e l stellt für λ den allgemeinen empirischen Ausdruck auf

$$\lambda = a + \frac{b}{\gamma \overline{D}} + \frac{c}{v\,\gamma \overline{D}}\,\eta,$$

worin neben den bekannten Größen auch die Zähigkeit, die innere Reibung der Flüssigkeiten mit in die Betrachtung gezogen wird. Durch Berücksichtigung dieses Wertes ist es diesem in der Tat gelungen, eine große Reihe der verschiedensten Versuchsresultate gemeinsam zur Darstellung zu bringen, und es verdient daher der Ansatz von B i e l, dessen Festigung durch weitere Versuche nur wünschenswert sein kann, hier besonders hervorgehoben zu werden.

Es sei noch erwähnt, daß zum Zwecke der Lüftung von Schlagwettergruben der französische Ingenieur P. P e t i t in einer dem „Congrès International des Mines et de la Métallurgie 1900" in Paris vorgelegten Arbeit u. a. Versuche an verzinkten Blechrohrleitungen beschrieben hat. Ohne jedoch im einzelnen hierauf einzugehen, sei auf die graphischen Zusammenstellungen der Gesetze für λ einmal bei gleicher Geschwindigkeit (Fig. 4), dann bei gleichem Durchmesser (Fig. 5) hingewiesen: Wie man deutlich erkennt, zeigen alle

---

[1]) R. B i e l, Über Druckhöhenverlust bei der Fortleitung tropfbarer und gasförmiger Flüssigkeiten.

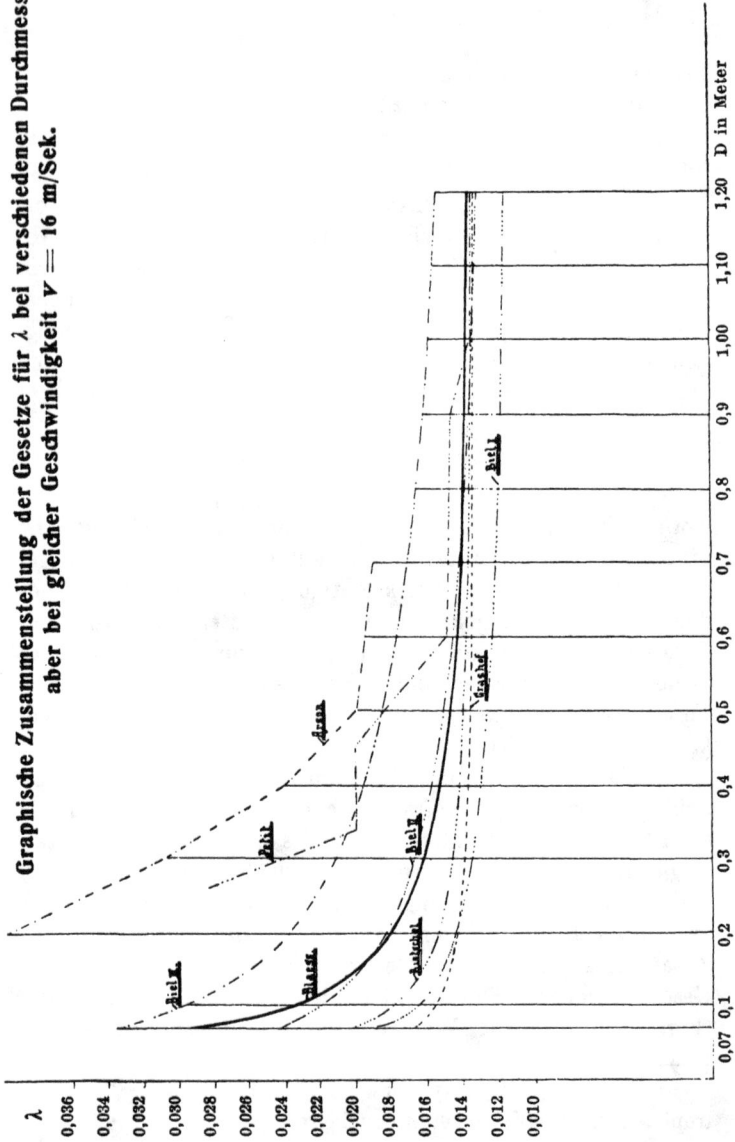

Graphische Zusammenstellung der Gesetze für λ bei verschiedenen Durchmessern, aber bei gleicher Geschwindigkeit $v = 16$ m/Sek.

Fig. 4.

Graphische Zusammenstellung der Gesetze für λ bei verschiedenen Geschwindigkeiten, aber gleichem Durchmesser D = 0,145 m.

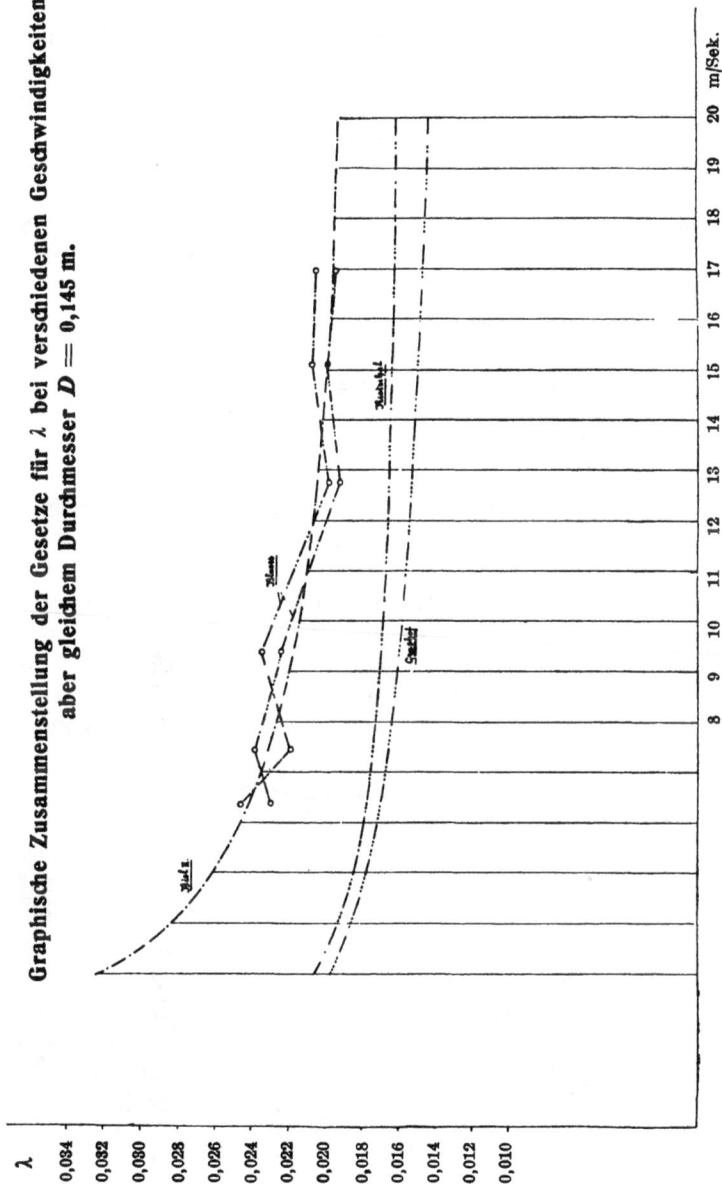

Fig. 5.

Kurven bei gleicher Geschwindigkeit in den praktischen Grenzen von 70 mm Durchm. bis 1200 mm Durchm. die Neigung, mit wachsendem Durchmesser allmählich abzufallen. Die Werte von G r a s h o f , R i e t s c h e l , B i e l II und P e t i t weichen in den Grenzen von 800 mm Durchm. bis 1200 mm Durchm. sehr wenig voneinander ab, dagegen divergieren diese bei geringeren Durchmessern sehr stark, und es ist geradezu unmöglich, hier auch nur auf wahrscheinliche Werte schließen zu können. — Beachtet man die Kurven der verschiedenen Rauheitsgrade von B i e l (Rauheitsgrad I: nahtlose Rohre; Rauheitsgrad II: gewöhnliche, verzinkte Blechrohre; Rauheitsgrad III: Grubenlüftungsrohre), so findet man, daß die Rauheitsgrade I und III ziemlich das ganze Gebiet einschließen, und es läßt sich vielleicht die große Divergenz durch die verschiedene Rauheit der zu den Versuchen herangezogenen Röhren erklären.

Bei der Zusammenstellung für λ entsprechend verschiedenen Geschwindigkeiten aber gleichen Rohrdurchmessern, trifft man mit wachsender Geschwindigkeit gleichfalls auf ein Abfallen sämtlicher Kurven, das aber hier allmählicher wie vorhin erfolgt. Die Kurve von R i e t s c h e l liegt in der Mitte zwischen der G r a s h o f schen und derjenigen von B i e l bei dem Rauheitsgrad II, dagegen verlaufen die Versuchswerte, welche der Verfasser an einer ca. 150 m langen Schwarzblechleitung von 145 mm Durchm. gewonnen hat, in guter Übereinstimmung mit der Kurve von B i e l.

Zum Zwecke der nachfolgenden Untersuchung ist es nötig, ein bestimmtes Gesetz für λ zu .wählen, das als Mittelwert den praktisch vorkommenden Verhältnissen möglichst gut entspricht. Nimmt man als Material der Leitungsrohre Zink, verzinktes Eisenblech, Schwarzblech, Gußeisen etc. an, wobei die Rohre in der in der Praxis üblichen Art verlegt sein sollen, und läßt man den, in den praktischen Geschwindigkeitsgrenzen von 6 bis 22 m/Sek. nicht allzu großen Einfluß der Geschwindigkeit auf λ unberücksichtigt, so erhält man für atmosphärische Luft folgende Form von λ, die nur D enthält:

$$\lambda = 0{,}0125 + \frac{0{,}0011}{D}$$

und deren Konstante aus den vielfachen Beobachtungen berechnet wurden, die der Verfasser an langen Blechrohren ausgeführt hat. Wie die graphische Zusammenstellung Fig. 4 zeigt, stimmt dieses Gesetz bei größeren Durchmessern mit dem von Rietschel etc. gut überein und kommt bei kleineren Durchmessern der Kurve B i e l II am nächsten. Für mittlere Werte stellt sich also hiernach der Druckverlust in mm Wassersäule

$$H = \lambda \, \frac{l}{D} \, \frac{\gamma \, v^2}{2 \, g},$$

wobei

$$\lambda = 0{,}0125 + \frac{0{,}0011}{D}.$$

Die Werte von D und l sind in Metern auszudrücken; v in m/Sek.; γ in kg/cbm; $g = 9{,}81$ m/Sek^2.

Ist die Leitung nicht rund, sondern, wie meistens bei gemauerten oder gehauenen Kanälen, rechteckig u. dergl., so wird man bei gleichem Rauheitsgrad den Koeffizienten λ nach demjenigen Durchmesser eines runden Querschnittes wählen, für welchen sich der Umfang zum Querschnitt ebenso verhält, wie bei der rechteckigen Form, so daß also

$$\frac{U}{F} = \frac{D \, \pi}{\dfrac{D^2 \, \pi}{4}} = \frac{4}{D}.$$

Es ist klar, daß dieses Verfahren nur Annäherungswerte ergeben kann, da, wie schon bemerkt, der Druckverlust nicht nur von den Umfangskräften abhängt, sondern auch davon, wie sich die Wirbelungen im Innern der Leitung ausbilden.

3. Die wirtschaftliche Bemessung eines Rohrstranges.

Bei Belüftungsanlagen aller Art, auch bei Entstaubungsanlagen, Entnebelungsanlagen usw. ist im einfachsten Falle die Aufgabe gestellt, ein gewisses Quantum vorwiegend atmosphärischer Luft von einer gegebenen Stelle nach einer andern mittels Rohrleitung zu befördern. Diese Aufgabe kann in verschiedener Weise gelöst werden: man kann eine enge Leitung wählen, und die Druckdifferenz zwischen Anfang und Ende groß halten, oder man kann die Leitung im Durchmesser weiter bemessen, wobei man mit einem geringeren Überdrucke auskommt. Die Anlagekosten der Leitung sind im ersten Falle niedrig, dagegen die Betriebskosten hoch; im zweiten Falle sind die Anlagekosten hoch, die Betriebskosten niedrig.

Bei der wirtschaftlichen Berechnung, bei welcher neben dem laufenden Betriebsaufwand noch Verzinsung und Amortisation in Betracht kommen, wird es also für jeden besonderen Fall einen ganz bestimmten Rohrdurchmesser geben, welcher die jährlichen Ausgaben für eine Transportanlage zu einem Minimum macht. — Die Bedingung der Mindestkosten ist naturgemäß stets nach Möglichkeit einzuhalten, immer aber dann, wenn keine weiteren Rücksichten hemmend wirken, wie Raummangel (namentlich auf Schiffen), vorgeschriebene Geschwindigkeiten (z. B. bei Materialtransportanlagen), Schwierigkeiten in der Aufhängung der erforderlichen starken Leitung etc.

Die Frage nach einer wirtschaftlichen Anlage läßt sich unschwer lösen, die Beantwortung erfordert nur die Kenntnis

der Herstellungskosten von Leitungen, der Betriebskosten für
die PS/St., der Stundenzahl des täglichen Betriebes und des
Zinsfußes für Jahreszinsen und Amortisation.

Bezüglich der Herstellungskosten ist zu bemerken, daß
das Gewicht des Materialaufwandes bei zunächst gleicher
Blechstärke proportional dem Rohrumfang × Rohrlänge,
also proportional $D \times l$ ist. Wie sich durch Kalkulation
feststellen läßt, kann auch der Herstellungspreis einer glatten,
geraden Leitung proportional $D \times l$ gesetzt werden, denn der
Einfluß einer geringeren Blechstärke bei engen Rohren wird
ungefähr ausgeglichen durch die spezifisch geringeren Arbeits-
löhne bei weiteren Rohren. Die Verhältnisse bezüglich einer
fertig verlegten Rohrleitung, bei welcher Krümmer, Verflan-
schungen, Aufhängevorrichtungen, Transport und Montage,
kurz alle entstehenden Kosten in Betracht kommen, stellen
sich naturgemäß sehr viel verwickelter; trotzdem ist im allgemeinen der Ansatz richtig, daß der Gesamtherstellungspreis
in Mark auch proportional $D \times l$ ist, also

$$= r \cdot D \cdot l$$

wo r eine Konstante bezeichnet.

Bezüglich des Zinsfußes für Jahreszinsen und Amortisation ist zu erwähnen, daß Jahreszinsen zu 5% gewählt werden
sollen. Für Abschreibungen an stabilen Maschinen können
gleichfalls ca. 5% in Rechnung kommen, dagegen an den
dünnen Blechleitungen, welche leicht der mechanischen Zerstörung und noch viel mehr der chemischen Zerstörung aus-
gesetzt sind, müssen je nach den Verhältnissen 10, 15, 20%
und mehr angesetzt werden: Es sei nur daran erinnert, daß z. B.
Rauchabsaugungsrohre manchmal kein ganzes Jahr aushalten.

Zur Berechnung der billigsten Ausführung sollen nun folgende Bezeichnungen gewählt werden:

$Q =$ das zu fördernde Quantum in cbm/Min.,

$D =$ Durchmesser der Leitung in m,

$l =$ Länge der Leitung in m,

$H =$ Druckverlust in mm Wassersäule im Mittel $=$

$$= 0,016 \, \frac{l}{D} \, \frac{\gamma \, v^2}{2 \, g},$$

2*

s = Stundenzahl des täglichen Betriebes,
b = Betriebskosten für ein Stundenpferd in Mark,
p = Anlagekosten der Maschinen für eine PS in Mark,
r = Anlagekosten für 1 m Leitung bei 1 m Durchmesser in Mark,
z = Zinsfuß für Jahreszinsen und Amortisation.

Die auf die Leitung entfallenden Jahresunkosten sind nun im wesentlichen die Summe von Betriebskosten, von Verzinsung und Amortisation (Wartung, Reparaturen etc. sollen außer acht bleiben).

1. Die Betriebsunkosten stellen sich bei einem Wirkungsgrad von 66,6%, der heute von einer richtig berechneten Anlage verlangt werden muß, und bei 300 Arbeitstagen zu

$$\frac{Q \cdot H \cdot b \cdot s \cdot 300}{60 \cdot 75 \cdot 0,666} = \frac{Q \cdot H \cdot b \cdot s}{10}.$$

2. Die Jahresunkosten der Maschinenanlage werden sein

$$\frac{Q \cdot H \cdot p \cdot z'}{3000 \cdot 100}.$$

3. Die Jahresunkosten der Rohrleitung sind

$$\frac{r \cdot l \cdot D \cdot z}{100}.$$

Die Gesamtkosten K betragen also

$$K = Q \cdot H \left[\frac{b \cdot s}{10} + \frac{p \cdot z'}{300000} \right] + \frac{r l D z}{100}.$$

Setzt man für H den Wert ausgedrückt in Q ein

$$H = 0,016 \frac{l}{D} \cdot \frac{Q^2}{16 D^4 \left(\frac{\pi}{4} 60 \right)^2},$$

so wird

$$K = \frac{0,016 \, l Q^3}{16 \left(\frac{\pi}{4} \cdot 60 \right)^2 D^5} \left[\frac{b s}{10} + \frac{p z'}{300000} \right] + \frac{r l D z}{100},$$

worin nur der Durchmesser D veränderlich ist. — Ein Minimum findet statt für $\frac{dK}{dD} = 0$, also wenn

$$\frac{5 \cdot 0,016 \, Q^3}{16 \left(\frac{\pi}{4} \cdot 60\right)^2 D^6} \left[\frac{b\,s}{10} + \frac{p\,z'}{300000}\right] = \frac{r\,z}{100}.$$

Ersetzt man in dieser Bedingungsgleichung die Größe D durch die Geschwindigkeit, entsprechend

$$v = \frac{Q}{D^2} \cdot \frac{1}{\frac{\pi}{4} \cdot 60}.$$

so findet man nach einfacher Rechnung

$$v = 0,75 \sqrt[3]{\frac{r \cdot z}{b\,s + \frac{p\,z'}{30000}}}.$$

Diese Beziehung kann noch vereinfacht werden, da man $\frac{p\,z'}{30000}$ gegenüber bs vernachlässigen kann: z. B. für eine 10 PS-Anlage ist $p \cong 120$ und nimmt man $z' = 10$ entsprechend 5% Verzinsung und 5% Amortisation, so wird

$$\frac{p\,z'}{30000} = 0,04.$$

Der Wert von $b \cdot s$ dagegen wird bei 10 stündigem Betrieb und z. B. 10 Pfg. pro PS-St.

$$b \cdot s = 1.00.$$

Der durch die Vereinfachung entstehende Fehler beträgt hier also unter dem Kubikwurzelzeichen 4% und daher bezüglich der Geschwindigkeit v kaum etwas mehr wie 1 %; mit Rücksicht auf die viel weiteren Grenzen, in denen sich z. B. der Wert r bewegen kann, darf also die Größe $\frac{p\,z'}{30000}$ ohne Bedenken vernachlässigt werden.

Die Forderung, daß ein bestimmtes Quantum nach irgendeiner Stelle möglichst wirtschaftlich gebracht werden soll, ist also an die einfache Bedingung geknüpft, daß eine bestimmte Strömungsgeschwindigkeit, welche wir jetzt „wirtschaftliche

Geschwindigkeit" nennen wollen, eingehalten wird.   Diese berechnet sich praktisch genau aus der Formel

$$v_w = 0.75 \sqrt[3]{\frac{r\,z}{b\,s}}.$$

Ist die auftretende Geschwindigkeit größer oder kleiner als v_w, so bedeutet dies unter allen Umständen immer ein Verlust: die Anlage arbeitet teurer wie sie arbeiten könnte.

Man darf behaupten, daß in der Praxis auf diesen Umstand noch nicht genügend Wert gelegt wird und daß leider

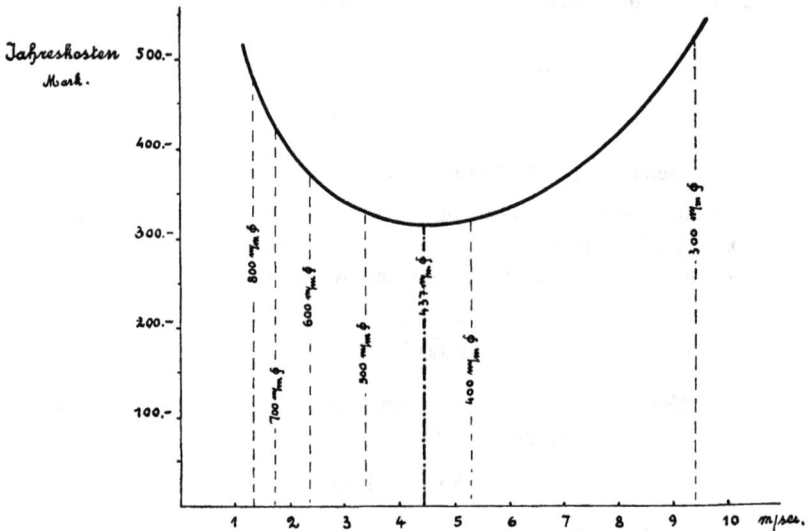

Fig. 6.

vielfach Geschwindigkeiten gewählt werden, die nichts weniger wie wirtschaftlich sind. Dies läßt sich ja auch erklären, da häufig die hier in Betracht kommenden Anlagen, z. B. für die Belüftung von Arbeitsräumen, vom einseitig kaufmännischen Standpunkt nur als notwendiges Übel empfunden werden, dem man nicht billig genug abhelfen möchte. Bei manchen Firmen findet dann der nach der Billigkeit Kaufende leicht williges Gehör, denn für diese ist ja nichts leichter, als einfach durch geringeren Materialaufwand eine einsichtige Konkurrenz zu überbieten: mit größerer Geschwindigkeit und damit erforderlicher hoher Pressung wird ja dann auch der Ventilator kleiner und rascher laufend, so daß mit diesem und dem Antriebsmotor der gesamte Erstehungspreis recht billig kommt. Erst die laufenden Betriebsausgaben klären den Abnehmer deutlich über den gemachten Fehler auf und jetzt wird durch teilweises oder sogar ganzes Abstellen zu sparen gesucht, wobei die Anlage natürlich ihren Zweck verfehlt.

Stellt man die Jahreskosten z. B. einer Gruben-Sonderbewetterungsanlage oder dergleichen nach den obigen Gesichtspunkten graphisch nach verschiedenen Geschwindigkeiten zusammen, so erhält man eine parabelähnliche Kurve, wie aus Fig. 6 zu erkennen, wobei angenommen wurde, es seien in 24 stündiger Betriebsdauer 40 cbm/Min. auf 150 m Länge zu fördern, bei $r = 20$ M. Leitungskosten und 0,08 M. pro PS/St. Betriebskosten, wobei Verzinsung und Amortisation der Blechleitung zu $5\% + 15\% = 20\%$ vorausgesetzt werde. Das Minimum der Ausgaben tritt bei $v_w = 4,45$ m/Sek. ein, wie auch sofort aus der gefundenen Gleichung ermittelt werden kann. Der billigste Rohrdurchmesser ist also 437 mm. Macht man die Anlagekosten geringer, so wachsen die tatsächlichen Ausgaben rasch an, und übersteigen z. B. bei einem Durchmesser von 250 mm, entsprechend 13,6 m/Sek. Geschwindigkeit, den 3,2 fachen Betrag des jährlich notwendigen Aufwandes!

I. Tabelle der wirtschaftlichen Geschwindigkeiten,
wenn die PS-Stunde kostet:

Leit.-Kost. r	2 Pf.	4 Pf.	6 Pf.	8 Pf.	10 Pf.	12 Pf.	14 Pf.
10,—	7,5	6,0	5,2	4,7	4,4	4,2	4,0
20,—	9,5	7,5	6,5	6,0	5,5	5,2	5,0
30,—	10,8	8,6	7,5	6,8	6,3	6,0	5,7
40,—	12,0	9,5	8,3	7,5	7,0	6,5	6,2
50,—	12,8	10,2	8,9	8,1	7,5	7,0	6,7
60,—	13,6	10,8	9,5	8,6	8,0	7,5	7,1
70,—	14,4	11,5	10 0	9,0	8,4	7,9	7,5
80,—	15,0	12,0	10,4	9,5	8,8	8,3	7,8

Der Übersicht wegen sei hier eine Tabelle der wirtschaftlichen Geschwindigkeiten aufgestellt bei verschiedenen Leitungs- und Kraftkosten; es ist ein 10 stündiger Tagesbetrieb angenommen und die Gesamtverzinsung soll 20% betragen.

Bei Anlagen, welche kürzere Betriebszeit im Durchschnitt haben, wie Belüftungen von Festsälen, Theatern, Kirchen u. dgl., bei denen der mittlere Tagesbetrieb zwei oder nur eine Stunde dauert, sind die Geschwindigkeiten, gleiche Verhältnisse wie oben vorausgesetzt, höher und können unter Umständen mehr wie das Doppelte betragen.

Rohrleitungen, nach solchen Gesichtspunkten dimensioniert, entsprechen der finanziellen Forderung möglichster Gesamtbilligkeit, und kleinere wie mittlere Anlagen, für nicht allzu große Quanten, lassen sich ohne weiteres darnach einrichten, da ohnehin deren wirtschaftliche Geschwindigkeiten höher sind als bei großen Ausführungen. Bei diesen ist es oft schlechterdings nicht möglich, die richtigen Verhältnisse einzuhalten, und zwar einfach aus Mangel an Raum, die gewaltigen Leitungen irgendwie unterzubringen.

4. Der Begriff des äquivalenten Querschnitts.

Um eine Luftmenge durch ein Rohr hindurchzuleiten ist zur Überwindung der Reibung die Druckdifferenz H_r in mm Wassersäule nötig

$$H_r = \lambda \, \frac{l}{D} \, \frac{\gamma \, v_r^2}{2 \, g},$$

wobei die Größen l, D, γ, v_r und g bestimmt gegeben sind, während, wie erwähnt, der Wert λ eine reine Erfahrungszahl ist, die sich theoretisch bis jetzt noch nicht begründen läßt. Der Reibungskoeffizient λ hängt von der Zähigkeit der fließenden Substanz und von einer Reihe anderer Faktoren ab, namentlich aber vom Durchmesser des Rohres und in geringem Grade von der Strömungsgeschwindigkeit. Liegen die Geschwindigkeiten innerhalb der praktischen Grenzen, also für den vorliegenden Fall zwischen den niedrigsten wirtschaftlichen Geschwindigkeiten und den höchsten Geschwindigkeiten, welche für Materialtransport in Betracht kommen, so kann man, ohne größere Fehler zu begehen, wie die, welche durch Außerachtlassen z. B. der Rauheit entstehen, den Wert von λ unabhängig von der Geschwindigkeit annehmen und im Mittel setzen

$$\lambda = 0{,}0125 + \frac{0{,}0011}{D}.$$

Bei ein und demselben Rohr von der Länge l und dem Durchmesser D ist unter dieser Voraussetzung die Reibungsdruckhöhe H_r bei verschiedenen Luftmengen nur abhängig von dem Quadrat der Durchflußgeschwindigkeit. — Hat ferner

das Rohr eine bestimmte Mündung F_a, die wir der Einfachheit wegen als schlank-konisch und möglichst glatt annehmen
wollen, aus der die Luft mit der Geschwindigkeit v_a austritt,
so ist hierzu ein besonderer Mündungsdruck H_a nötig, der
sich berechnet aus

$$H_a = \frac{\gamma\, v_a{}^2}{2\, g}.$$

Da v_a zur Durchflußgeschwindigkeit in dem bestimmten
Verhältnis

$$\frac{v_a}{v_r} = \frac{F_r}{F_a}$$

steht, so ist demnach auch H_a nur abhängig vom Quadrat
der Durchflußgeschwindigkeit; dasselbe gilt für einen Widerstand beim Eintritt in das Rohr, der in den meisten Fällen
durch Kontraktionswirkungen und die damit verbundenen
Wirbelungserscheinungen hervorgerufen wird und wozu ein
weiterer Druck erforderlich ist, der sich darstellen läßt durch

$$H_e = \zeta_e \frac{\gamma\, v_r{}^2}{2\, g},$$

wo ζ_e einen Erfahrungswert bildet, wesentlich abhängig von
der äußeren Beschaffenheit der Eintrittsstelle. Demnach wird
sich der gesamte Überdruck

$$H = H_r + H_a + H_e$$

bei dem gleichen Rohr nur mit dem Quadrat der Durchflußgeschwindigkeit v_r ändern, also auch mit dem Quadrat der
durchströmenden Menge.

Denkt man sich ein sehr großes Gefäß, in welchem der
gleiche Gesamtüberdruck H herrscht, so wird es eine gewisse
Öffnung F_{ae} geben, welche das gleiche Quantum Q in cbm/Min.
ausfließen läßt, das vorhin durch die Röhre ging und wobei
wegen $H = \dfrac{\gamma\, v_{ae}{}^2}{2\, g}$ dasselbe Gesetz herrscht, daß der Überdruck proportional dem Quadrat der Durchflußmenge ist.
Ist diese Öffnung am Gefäß derart abgerundet, daß keine
Verluste durch Kontraktion etc. entstehen, so wird diese
leicht bestimmt aus der Bedingung

$$Q_{cbm/min} = 60 \cdot F_{ae} \cdot v_{ae},$$

wobei

$$v_{ae} = \sqrt{\frac{2\,g\,H}{\gamma}}.$$

Legt man atmosphärische Luft normaler Temperatur zugrunde mit $\gamma = 1{,}226$, so ist einfach

$$v_{ae} = \sqrt{\frac{2 \cdot 9{,}81}{1{,}226}\,H} = 4\,\sqrt{H}$$

und damit

$$F_{ae} = \frac{Q}{240\,\sqrt{H}}.$$

Zu jedem Rohr kann also eine gleichwertige Öffnung in Quadratmeter angegeben werden, welche bei gleichem Überdruck H stets auch dieselbe Liefermenge Q austreten läßt; während aber dort der Druck zum Teil zur Reibung, zum Teil zur Ausströmgeschwindigkeit verbraucht wird, wird er hier ausschließlich zur Erzeugung der Geschwindigkeit aufgewendet (Fig. 7). — Diese gleichwertige Öffnung F_{ae} soll nun zukünftig äquivalente Weite, bzw. Fläche oder Querschnitt, oder kurz auch Äquivalenz genannt werden.

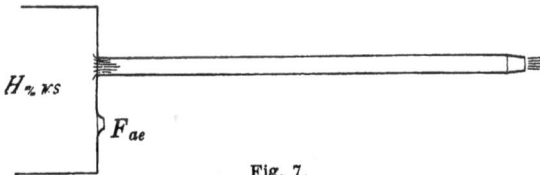

Fig. 7.

Dieser einfache Äquivalenzbegriff ist für die Theorie und die Berechnung von Rohrleitungen von großem praktischem Nutzen, da hierdurch, wie des weiteren zu ersehen ist, die Vorstellung der manchmal recht verwickelten Vorgänge, namentlich in Zweigleitungen, sehr erleichtert wird.

Der ursprüngliche Begriff der äquivalenten Weite stammt von dem französischen Bergingenieur D. Murgue, der ihn im Jahre 1873 aufgestellt hat. Murgue dachte sich nicht eine kontraktionslose Düse, wie hier angenommen, sondern er legte

eine Öffnung, wie sie durch Ausschneiden aus einem Stück
Blech entsteht, also mit scharfen Kanten zugrunde, wodurch er gezwungen war, einen Ausflußkoeffizienten einzuführen, den er zu 0,66 annahm. Hiernach lautet also die
Murguesche Weite

$$F_{\text{Murgue}} = \frac{Q}{60 \cdot 4 \cdot 0,66\,\sqrt{H}} = \frac{0,38\,Q}{60\,\gamma\overline{H}}.$$

Wir können es gewiß nicht für zweckmäßig halten, stets
einen Faktor mitzuschleppen, der weder der Vorstellung förder-
lich ist, noch etwas zur Vereinfachung der Rechnung beiträgt,
der aber die unangenehme Eigenschaft hat, daß er durchaus
keine Konstante, sondern wie bekannt, je nach dem Durchmesser der Öffnungen verschieden ist. — Es soll also hier der
Begriff der äquivalenten Weite zusammenfallen mit der Öffnung einer idealen Ausflußdüse, die schon mit gewöhnlichen
Mitteln bis auf wenige Prozent genau zu erreichen ist.

Als einfaches Beispiel sei die äquivalente Weite eines
Rohres zu berechnen, welches bei einer Länge von 80 m einen
Durchmesser von 320 mm, eine düsenförmige Austrittsmün-
dung von 250 mm Durchm. besitzt, und welches durch einen
sanften Übergang derartig an einen großen Druckraum angeschlossen ist, daß keine Eintrittsverluste entstehen.

Nimmt man zunächst eine beliebige Geschwindigkeit in
dem Rohr an, z. B. 16 m/Sek., so ist der Druckverlust infolge
der Rohrreibung nach der Gleichung

$$H_r = \lambda\,\frac{l}{D} \cdot \frac{\gamma\,v^2}{2\,g},$$

wenn gesetzt wird $\lambda = 0,0125 + \dfrac{0,0011}{D} = 0,01594$

$H_r = 64$ mm Wassersäule.

Die Geschwindigkeitsdruckhöhe an der Mündung beträgt
bei $v_a = 26,2$

$$H_a = \frac{\gamma\,v_a^2}{2\,g} = 43 \text{ mm Wassersäule,}$$

somit der Gesamtüberdruck $H = 107$ mm Wassersäule.

Bei der angenommenen Geschwindigkeit von 16 m/Sek. im Rohr wird ein Quantum gefördert von

$$Q = \frac{D_r^2 \pi}{4} \cdot 60 \cdot v_r = 77 \text{ cbm/Min.}$$

Demnach ist die äquivalente Weite

$$F_{ae} = \frac{Q}{240 \sqrt{H}} = \frac{77}{240 \sqrt{107}} = 0,0310 \text{ qm.}$$

Bezeichnet man das Verhältnis des äquivalenten Querschnitts zu dem Rohrquerschnitt mit ψ, so erhält man

$$\psi = \frac{F_{ae}}{F_r} = 0,383.$$

Hiernach kann man sich also vorstellen, daß kaum etwas weniger wie zwei Drittel des Rohrquerschnitts durch Reibung und Geschwindigkeitsdruckhöhe an dem vollen Rohrquerschnitt abgedrosselt werden.

Die äquivalente Weite läßt sich zwar in dieser Weise für jedes Rohr ohne Schwierigkeit bestimmen, die Methode erfordert nur einen gewissen Zeitaufwand; es soll daher weiter unten ein graphisches Verfahren aufgestellt werden, das für alle Längen und Durchmesser ein sofortiges Ablesen der gesuchten Weiten zuläßt.

Vorhin wurde angenommen, daß der Auslaß des Rohres kleiner wie der Rohrquerschnitt sei. Es liegt nichts im Wege, diesen auch gleich oder größer anzunehmen, und es ist klar, daß dann der äquivalente Querschnitt größer werden wird. Könnte man im Grenzfalle den Rohraustritt unendlich groß machen, so daß hierdurch die Endgeschwindigkeit auf Null gebracht würde, so näherte sich die äquivalente Weite einer bestimmten Größe, welche jetzt nur noch von den Reibungsverhältnissen im Rohre bedingt wird. Wird dieser Wert zum Unterschied von F_{ae} mit F_ϱ bezeichnet, so ist z. B. in dem vorigen Beispiel

$$F_\varrho = \frac{Q}{240 \sqrt{H_r}} = \frac{77}{240 \sqrt{64}} = 0,0401 \text{ qm.}$$

Das Verhältnis ψ ist also jetzt von 0,383 auf 0,5 gestiegen, d. h. nur die Hälfte des Rohrquerschnitts wird jetzt noch durch die Strömungsverluste verdrängt.

Die Beziehung der reinen Reibungsäquivalenz F_ϱ zum Rohrquerschnitt F_r läßt sich auf folgende Weise leicht herleiten: Ersetzt man in

$$F_\varrho = \frac{Q}{240\,\sqrt{H_r}}$$

die Werte Q und H_r durch

$$Q = 60\,F_r\,v$$

$$H_r = \frac{\lambda\,l}{D}\,\frac{\gamma\,v^2}{2\,g} = \frac{\lambda\,l}{D}\left(\frac{v}{4}\right)^2,$$

so findet man sofort

$$\frac{F_\varrho}{F_r} = \sqrt{\frac{D}{\lambda\,l}}.$$

Dieses einfache und für die weiteren Untersuchungen wichtige Resultat sagt also aus, daß das Abdrosseln durch die Rohrleitung allein, wenn man vom Rohrquerschnitt ausgeht, proportional der Wurzel aus $\frac{D}{\lambda}$ und umgekehrt proportional der Wurzel aus der Rohrlänge ist. Ist die Rohrlänge unendlich, so wird natürlich F_ϱ Null; mit kürzerer Länge wächst dieser Wert und kann gleich F_r und auch größer wie F_r werden, wie folgendes Beispiel zeigt:

Wählt man den früheren Rohrdurchmesser $D = 320$ mm mit dem entsprechenden $\lambda = 0,01594$, so ist bei der Rohrlänge von 12 m F_ϱ größer wie F_r, da

$$\frac{F_\varrho}{F_r} = \sqrt{\frac{0,32}{0,01\,594\cdot 12}} = 1,29.$$

Ist die Rohrlänge verschwindend klein, so wird folgerichtig F_ϱ unendlich. Dieses gilt, nebenbei bemerkt, auch für die reibungslose Strömung $\lambda = $ Null bei endlicher Rohrlänge. Nach der Definition der äquivalenten Weite müßte für einen gegebenen Überdruck in beiden Fällen ein unendlich großes

Quantum ausfließen. Dies ist natürlich nicht möglich, denn erstens lassen sich die gemachten Annahmen l oder $\lambda =$ Null nicht verwirklichen, zweitens aber, und das ist die Hauptsache, wird die Voraussetzung, daß die durch den Überdruck erzeugte Geschwindigkeit sofort verschwindet, in der Tat nie verwirklicht werden. Vergleiche hierzu z. B. „Neue Diagramme zur Turbinentheorie", Dissertation von Dr. R. C a m e r e r , der die Frage auf einem anderen Wege berührt hat.

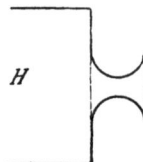

Fig. 8.

5. Die Geometrie der Rohrströmung.

Der hemmende Einfluß, den die Rohrreibung auf die Durchströmbewegung ausübt, läßt sich also vergleichen mit der Wirkung einer Ausflußmündung, welche wir als zur Rohrreibung äquivalent bezeichnen. Zur weiteren Untersuchung ist es daher erlaubt, die in Betracht kommenden Röhren in Gedanken auszuschalten und an deren Stelle einfache Mündungen zu setzen, die diesen entsprechen.

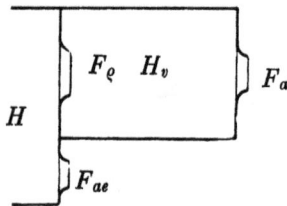 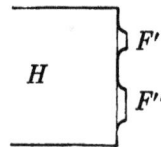

Fig. 9.   Fig. 10.

Nach obigem besteht auch eine gleichwertige Öffnung, wenn neben der Rohrreibung allein noch irgend ein Widerstand, z. B. eine Ausflußdruckhöhe, zu überwinden ist, und es ist die resultierende gleichwertige Öffnung, die mit F_{ae} bezeichnet wurde, natürlich stets kleiner wie die Öffnung F_{ϱ}, welche nur von der Reibung herrührt. Bedeutet F_a die Rohrmündung, durch welche die Austrittsgeschwindigkeit bedingt wird, sie kann gleich, kleiner oder auch größer wie der Leitungsquerschnitt sein, so besteht zwischen F_{ae}, F_{ϱ} und F_a ein bestimmter Zusammenhang, der sich leicht ermitteln läßt: Ersetzt man das in Betracht kommende Rohr durch seine

gleichwertige Weite F_ϱ, so erhält man folgende Darstellung
(siehe Fig. 9), wonach, wenn H_v die Geschwindigkeitsdruckhöhe und H den Gesamtdruck bedeuten, der Rohrreibungs-
druck H_ϱ ist:

$$H_\varrho = H - H_v,$$

oder

$$H = H_\varrho + H_v.$$

Dividiert man links und rechts durch $\left(\dfrac{Q}{240}\right)^2$ und beachtet, daß

$$F_{ae} = \frac{Q}{240\sqrt{H}} \quad \text{oder} \quad \frac{240^2\,H}{Q^2} = \frac{1}{F_{ae}{}^2}$$

$$F_\varrho = \frac{Q}{240\sqrt{H_\varrho}} \quad \text{oder} \quad \frac{240^2\,H_\varrho}{Q^2} = \frac{1}{F_\varrho{}^2}$$

$$F_a = \frac{Q}{240\sqrt{H_v}} \quad \text{oder} \quad \frac{240^2\,H_v}{Q^2} = \frac{1}{F_a{}^2}$$

so erhält man sofort

$$\frac{1}{F_{ae}{}^2} = \frac{1}{F_\varrho{}^2} + \frac{1}{F_a{}^2}$$

und nach dieser Gleichung bestimmt sich bei gegebener Reibungsweite F_ϱ und Auslaßöffnung F_a die aus beiden resultierende Öffnung F_{ae}.

Die durch F_ϱ und F_a angedeuteten Widerstände sind ihrer
Wirkung nach hintereinander geschaltet im Gegensatz zu
solchen, die parallel laufen, wie beistehende Fig. 10 zeigt, und
wobei, wie leicht einzusehen, eine einfache Addition

$$F_{ae}{}' = F' + F''$$

die diesen äquivalente Öffnung bestimmt. — Von beiden Formeln, namentlich von derjenigen der hintereinander geschalteten Widerstände, wird häufig Gebrauch gemacht werden
und um die Schreibweise einfach zu gestalten, soll deshalb
abkürzungsweise für diese letztere

$$F_{ue} = F_\varrho \sim F_a$$

geschrieben werden, was andeuten soll, daß die gleichwertige
Weite der beiden hintereinander geschalteten Widerstände aus
der Gleichung

$$\frac{1}{F_{ae}{}^2} = \frac{1}{F_{\varrho}{}^2} + \frac{1}{F_a{}^2}$$

berechnet ist. Das Zeichen ∞ stellt demnach nur eine besondere Art von Additionszeichen dar. Sind mehr wie zwei Widerstände hintereinander geschaltet, z. B. werden noch die Verluste durch Eintrittskontraktion berücksichtigt, ferner die durch besondere Einzelwiderstände, wie Krümmer, Drosselscheiben, Ventile u. dgl., so ist die Schreibweise, wie leicht einzusehen,

$$F_{ae} = F_{\varrho} \infty F_a \infty F_1 \infty F_2 \infty F_3 \infty \dots,$$

worin $F_1 F_2$ und sofort die gleichwertigen Weiten dieser Verluste bedeuten.

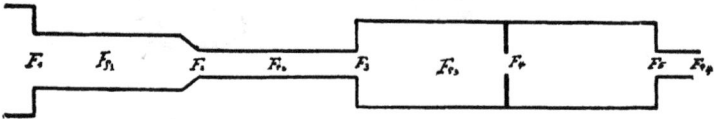

Fig. 11.

Um z. B. den Gesamtwiderstand einer einfachen Leitung zu berechnen, welche aus verschieden weiten Rohren zusammengesetzt ist und wobei irgendwelche Einzelwiderstände mit in Betracht kommen, hat man, wenn mit $F_{\varrho 1}$ etc. die äquivalenten Weiten der Röhren und mit F_1 etc. die Einzelwiderstände bezeichnet werden (siehe Fig. 11):

$$F_{ae} = F_{\varrho 1} \infty F_{\varrho 2} \infty F_{\varrho 3} \infty F_{\varrho 4} \infty F_1 \infty F_2 \infty F_3 \infty F_4 \infty F_5,$$

wobei die Reihenfolge der Hintereinanderschaltung willkürlich ist. — Hat man F_{ae} bestimmt, so ist z. B. das hindurchfließende Quantum für eine gewisse Druckhöhe H entsprechend der einfachen Gleichung

$$Q = 240\, F_{ae} \sqrt{H}.$$

Die verschiedenen Widerstände $F_{\varrho 1}$; $F_{\varrho 2}$; können verglichen werden mit den Widerständen, welche ein zusammengesetztes großes Gefäß dem Durchströmen entgegensetzt, siehe Fig. 12.

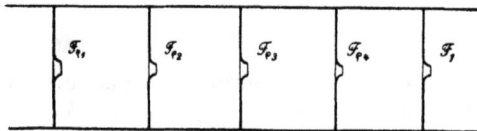

Fig. 12.

W e i s b a c h hat in seiner Ingenieur-Mechanik[1] S. 875
den letzteren Fall behandelt und erhält für reibungslose
Düsen bei gegebener Pressung H ein Quantum pro Sek.

$$Q/sec. = \frac{\sqrt{\dfrac{2\,g\,H}{\gamma}}}{\sqrt{\left(\dfrac{1}{F_{\varrho 1}}\right)^2 + \left(\dfrac{1}{F_{\varrho 2}}\right)^2 + \left(\dfrac{1}{F_{\varrho 3}}\right)^2 + \left(\dfrac{1}{F_{\varrho 4}}\right)^2 + \left(\dfrac{1}{F_1}\right)^2 + \cdots}}$$

Das Resultat ist dasselbe, wie es sich oben ergibt, wenn
man dort die schematische Darstellung für F_{ae} umschreibt:

$$\frac{1}{F_{ae}^2} = \frac{1}{F_{\varrho 1}^2} + \frac{1}{F_{\varrho 2}^2} + \frac{1}{F_{\varrho 3}^2} + \cdots$$

Der anschauliche Vergleich dieses Problems mit dem nahe-
liegenden, aber für die Praxis bedeutend wichtigeren Fall der
nicht gleichartigen Rohrströmung ist offenbar W e i s b a c h
entgangen.

Wie man sich an Beispielen der Lehrbücher über Hydraulik überzeugen kann, gestaltet sich der Rechnungsvorgang
mit Widerstandskoeffizienten nach der üblichen Art bei wenig
zusammengesetzten Strömungsverhältnissen schon recht ver-
wickelt, und bei den praktisch vorkommenden Aufgaben geht
häufig der notwendige Überblick verloren. Diese hier geübte
Behandlung hat dagegen den Vorteil der Übersichtlichkeit,
weil nur die einzelnen Teile, wie die glatte Leitung, die Krümmer und sonstige Einzelwiderstände etc., für sich auf ihre
gleichwertigen Weiten zu untersuchen sind und diese dann in
beliebiger Reihenfolge nach dem Zeichen ∞ zusammenzusetzen
sind. Mit dem hiernach gefundenen Wert F_{ae} kennt man sofort alle wissenswerten Größen.

Die zahlenmäßige Auflösung einer Gleichung

$$\frac{1}{F_{ae}^2} = \frac{1}{F_1^2} + \frac{1}{F_2^2} + \frac{1}{F_3^2} + \frac{1}{F_4^2} + \frac{1}{F_5^2} + \cdots$$

ist nun selbst mit Rechenschiebern umständlich und zeit-
raubend, es soll daher eine ganz einfache graphische Berech-

---

[1] W e i s b a c h, Lehrbuch der Ingenieur- und Maschinen-
mechanik 1862, IV. Aufl.

nung angegeben werden, wonach man eine Gleichung mit
zwei Summanden $F_{ae} = F_1 \backsim F_2$ und damit auch für beliebig
viele leicht auflösen kann. Betrachtet man, wie in der Fig. 13
angedeutet, F_1 und F_2 als Katheten eines rechtwinkligen Dreiecks, so ist die Höhe des Dreiecks schon der gesuchte Wert F_{ae}.
Der Beweis ist ebenso einfach; es ist nach der Ähnlichkeit der
Dreiecke

$$\frac{F_2}{F_{ae}} = \frac{\sqrt{F_1^2 + F_2^2}}{F_1}$$

oder quadriert und durch F_2^2 dividiert

$$\frac{1}{F_{ae}^2} = \frac{1}{F_1^2} + \frac{1}{F_2^2}.$$

Diese Konstruktion von F_{ae} gibt letzterer den Charakter
einer Resultierenden, ähnlich wie bei der Zusammensetzung
von Kräften. — Es ist hieraus klar zu erkennen, daß F_{ae}
stets kleiner ist, wie der kleinste
Wert ihrer Komponenten. Wird
eine Komponente sehr groß gegenüber der anderen, so nähert sich
F_{ae} der kleineren Komponente. —
Derartige rein geometrische Ergebnisse, die beliebig vermehrt werden können, haben alle ihre ent-

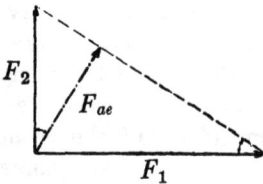

Fig. 13.

sprechende Bedeutung bei den zu betrachtenden Strömungserscheinungen: z. B. die gleichwertige Öffnung eines nicht
langen, im Durchmesser aber starken Rohres mit im Verhältnis
enger Ausströmmündung wird also, da F_ϱ groß gegenüber
F_a ist, nahezu gleich F_a sein etc.

Bei mehr wie zwei Größen F setzt sich, wie bemerkt, das
Verfahren einfach weiter, und man wird jetzt die aufeinander
senkrecht stehende Höhe und Hypothenuse als neue Katheten-
richtungen benutzen, und so fortfahrend wird man leicht für
beliebig viele Komponentquerschnitte die resultierende, d. h.
gleichwertige Öffnung finden. — Neben diesem Verfahren
könnte noch eine andere Methode zur Berechnung von F_{ae}
benutzt werden, die auf dem Prinzip der reziproken Werte
beruht; für konstante F_{ae} liegen die reziproken Werte von F_1

und F_2 auf konzentrischen Kreisen. Da indessen die obige
graphische Konstruktion für alle Fälle genügt, so kann wohl
von der weiteren Durchführung abgesehen werden.

Bei dem vorigen Beispiel einer Leitung mit verschiedenen
Rohrweiten kamen charakteristische Einzelwiderstände vor,
welche in der Praxis häufig auftreten; wir können daher folgende Betrachtungen hieran knüpfen.

1. Ein einfaches Rohr mit veränder-
licher Ausströmmündung (Fig. 14). Liegt ein gegebenes Rohr vor mit bekannter Reibungsöffnung F_ϱ und

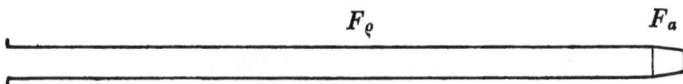

$$F_\varrho \qquad\qquad\qquad F_a$$

Fig. 14.

verändert man nur die Ausflußdüse F_a, so läßt sich die resultierende Öffnung F_{ae} und damit auch, bei gleicher Anfangspressung, das geförderte Quantum Q als Funktion von F_a
leicht durch folgendes Diagramm in Fig. 15 veranschaulichen,
in welcher F_a als Abszisse und F_{ae} bzw. Q als Ordinate aufgetragen sind. — Nach dem oben Gesagten geht die Konstruktion der Kurve ohne weiteres hervor, da die Höhe a eines
Dreiecks, gebildet aus dem gegebenen F_ϱ und einem beliebigen

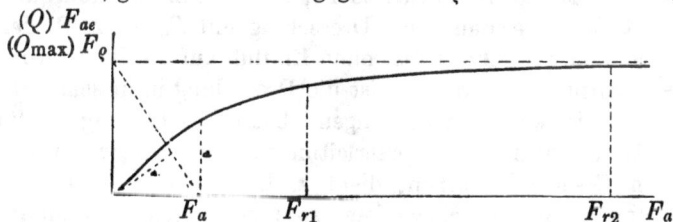

$$(Q)\ F_{ae}$$
$$(Q_{max})\ F_\varrho$$

Fig. 15.

Wert F_a, jeweils in der Abszisse F_a aufgetragen ist. Die gefundene Kurve entspringt, wie es sein muß, in dem Ursprung
unter einem Winkel von 45° und berührt die Parallele zur
Abszisse in dem Abstand F_ϱ im Unendlichen. Da die geometrische Konstruktion ein für allemal festgelegt ist, kann
sich für die verschiedenen Fälle nur der Maßstab, in welchem
F_ϱ und F_a aufgetragen sind, ändern; die Form der Kurve

hingegen ist unveränderlich und zeigt die interessante Ab-
hängigkeit der aus einem langen Rohre ausfließenden Menge Q
bei konstanter Pressung, wenn die Ausflußöffnung mehr und
mehr vergrößert wird. Hat F_a den Rohrquerschnitt F_{r1} erreicht, so ist damit noch nicht die maximale Liefermenge zum
Ausfluß gebracht, da sich diese durch konische Erweiterung
der Mündung nach Art eines Saugrohres, Fig. 16, immer noch

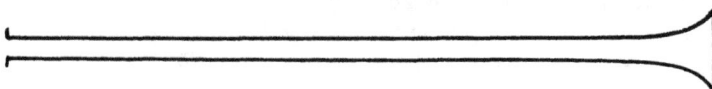

Fig. 16.

vermehren läßt. Könnten die Luftteilchen durch eine allmählich unendlich groß werdende Querschnittserweiterung
reibungslos zum Stillstand gebracht werden, so wäre die größt-
mögliche Ausflußmenge $Q_{max.}$ erreicht. — Bei Belüftungsanlagen u. dgl. hat diese Erscheinung bis zu gewissem Grad
praktische Bedeutung, da bei Anordnung trichterförmiger
Rohrenden eine Druck- und damit Kraftersparnis erzielt wird,
nebenbei auch eine Vermeidung der manchmal unerwünschten
Zugwirkung.

Aus dem Diagramm erkennt man weiter, daß, wenn F_ϱ
sehr klein ist im Verhältnis zu F_r, z. B. wenn der Rohrquerschnitt F_{r2} ist, alsdann eine Drosselung mit F_a auf z. B. den
halben Rohrquerschnitt fast ohne Einfluß auf die Regulierung
des Quantums ist; wirksam ist die Drosselung in diesem Falle
erst bei viel kleineren Öffnungen. Diese Erscheinung ist für
das Entdrosseln von Wasserleitungen wichtig, wobei dieselben Gesetze herrschen; dient z. B. eine enge und lange
Leitung zu Feuerlöschzwecken, so kann durch Verwendung
mehrerer Hydranten im ganzen nicht mehr Wasser geworfen
werden wie bei einem einzigen: dieselbe Menge teilt sich einfach nach der äquivalenten Weite der Abzapfstellen.[1]

2. Der Widerstand bei plötzlicher Querschnittsänderung. Bei Leitungsanlagen sind manch-

---

[1] In allzu sparsam verlegten Hauswasserleitungen ist dieses
Verhalten an einer offenen Zapfstelle, bei Benutzung eines anderen
Hahnes unschwer zu erkennen.

mal plötzliche Änderungen der Querschnitte nicht zu vermeiden, manchmal ist sogar deren Anordnung wünschenswert.
Da die Strömung einer plötzlichen Erweiterung nicht sogleich
folgt, und zwar deshalb, weil sie sonst aus eigenem Antrieb
der Zentrifugalkraft entgegenfließen müßte, so bildet sie zunächst einen freien Strahl, der sich erst allmählich an die

Fig. 17.

erweiterte Begrenzung anschließt. In den toten Ecken, vgl.
Fig. 17, entstehen kraftverzehrende Wirbel, welche sozusagen
beständig von dem Strahl Bewegungsenergie absaugen und in
Wärme etc. verwandeln. — Nach dem bekannten Satz von
C a r n o t - B o r d a ist der Druckhöhenverlust an einem
schroffen Übergang

$$H = \frac{\gamma}{2g}(v - v_r)^2$$

und es ist hier von Interesse, die äquivalente Weite dieses
Übergangsverlustes zu bestimmen: Geht man von der Erweiterung F_r aus und setzt

$$\mu = \frac{F}{F_r} = \frac{v_r}{v},$$

so hat man

$$H = \frac{\gamma}{2g} v_r^2 \left(\frac{1 - \mu}{\mu}\right)^2$$

oder nach Einführung der Werte von Q und F_r

$$H = \frac{\gamma}{2g} \cdot \frac{Q^2}{60^2 F_r^2} \left(\frac{1 - \mu}{\mu}\right)^2.$$

Durch Vergleich mit der die äquivalente Weite F_c ent-
haltenden Formel

$$H = \frac{\gamma}{2g} \cdot \frac{Q^2}{60^2 F_c^2}$$

findet man sofort

$$F_c = F_r \frac{\mu}{1 - \mu} = F \frac{1}{1 - \mu}.$$

Die äquivalente Weite des Carnot - Bordaschen Widerstandes als Funktion der Rohreinschnürung.

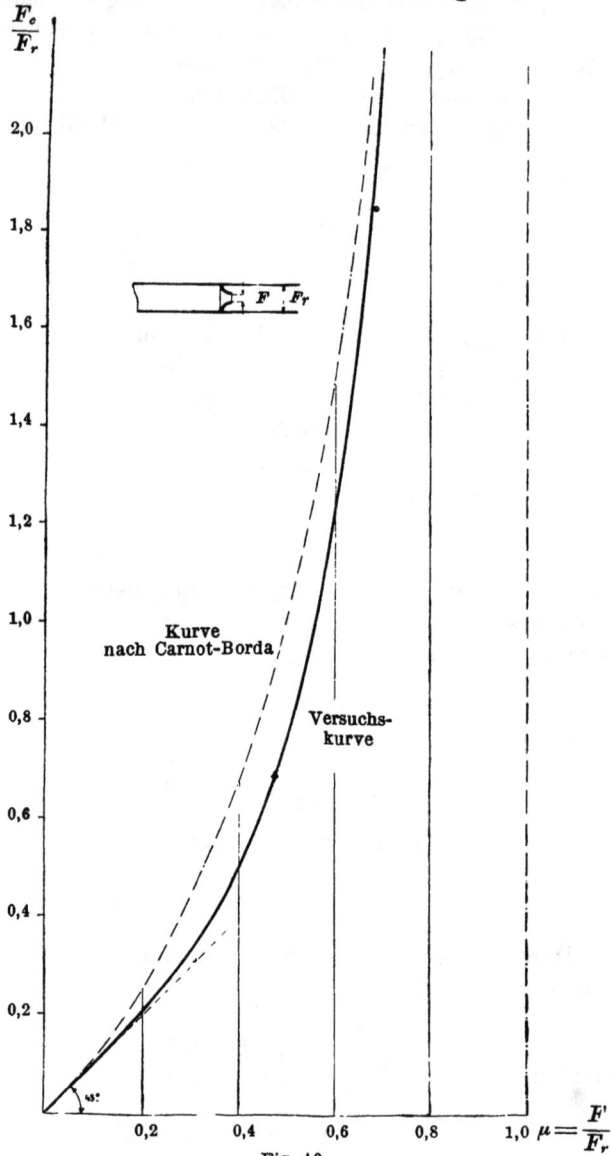

Fig. 18.

Ist $\mu = 1$, d. h. ist keine Erweiterung vorhanden, so wird natürlich F_c unendlich; ist $\mu = 0$, was bei gegebenem F mit unendlich großem F_r zu deuten ist, so wird $F_c = F$, und in diesem Falle ist der Carnotsche Verlust gleichbedeutend mit dem bekannten Verlust an Geschwindigkeitsdruckhöhe beim Ausströmen in den ruhenden Raum.

Trägt man den Wert von $\dfrac{F_c}{F_r}$ als Funktion von μ auf, so erhält man den Ast einer gleichseitigen Hyperbel, die nach oben asymptotisch verläuft und im Ursprung die Winkelhalbierende berührt (Fig. 18).

Der Carnot-Bordasche Satz ist entsprechend der Regel des unelastischen Stoßes abgeleitet, und seine Gültigkeit hat zur Voraussetzung, daß die Drücke in der Wirbelecke und kurz vor der Erweiterung einander gleich sind. Da nun in Wirklichkeit diese Annahme nicht erwiesen ist, und dieser Satz deshalb nur hypothetische Bedeutung hat, so wurden, um näheren Aufschluß hierüber zu erhalten, von dem Verfasser Versuche in folgender Art angestellt: In die Mitte eines langen Rohres von 145 mm Durchm. wurde eine auf verschiedene Durchmesser zu stellende konisch-konvergente Düse C eingebaut (Fig. 19). Das Rohr war in B an einen Ventilator angeschlossén und blies rechts ins Freie, wo durch die Druckbeobachtung am freien Ausblas, welcher der gleichmäßigeren Strömung wegen konisch vorgesehen war, ungefähr gleiche Luftgeschwindigkeit im Rohre eingestellt werden konnte.

Aus dem bei A gemessenen Quantum und dem Überdruck bei B konnte zunächst die Äquivalenz des Rohres $F\varrho$ gemessen werden und ferner auch die äquivalente Öffnung $F_{a\ell}$

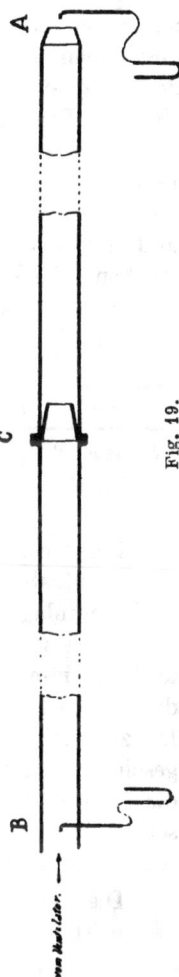

Fig. 19.

bei Einschaltung der Düse C, entsprechend der Gleichung

$$F_{ae} = F_\varrho \sim F_c,$$

wobei F_c die Carnotsche Weite bedeutet, welche sich dann leicht aus dieser Gleichung bei bekannten Werten F_{ae} und F_ϱ bestimmen läßt. Für die beobachteten Werte bei verschiedenen μ ist nachfolgende Tabelle zusammengestellt, ebenso sind die Ergebnisse, soweit es der Raum erlaubt, in Fig. 18 graphisch aufgetragen. Wie zu erkennen ist, weichen die Beobachtungen in der Mittellage nicht wenig von dem Carnotschen Gesetze ab: Die gleichwertigen Weiten sind kleiner und damit die Widerstände größer, wie sie sich rechnerisch ergeben. Für kleine Werte von μ ebenso für solche in der Nähe von $\mu = 1$ stimmt dagegen wieder die Carnot-Bordasche Annahme.

Tabelle II.

μ	0,171	0,305	0,475	0,685	0,840	1,000
F_c beobacht.	0,15	0,31	0,65	2,00	3,00	∞
F_c berechn.	0,21	0,44	0,91	2,18	5,30	∞

Der Grund zu dieser Untersuchung gab folgende praktische Aufgabe, welche gelöst werden mußte: Bei einer großen Gichtgasanlage ist der den Ventilator treibende Motor überlastet. Es stellte sich heraus, daß bei 100 mm Hochofendruck und 120 mm Ventilatordruck 960 cbm Gichtgas pro Minute durch eine Leitung von 1000 mm Durchm. gefördert wurden. Da zur Reinigung aber ursprünglich nur 400 cbm/Min. vorgesehen sind, so entsteht die Frage, welche Drosselöffnung, die, wegen des leichteren Einbaues, in ein glattes Blech zu schneiden ist, muß gewählt werden, damit nur die vorgeschriebene Gasmenge gereinigt und gefördert wird?

Die Berechnung war folgende: Die bisherige gleichwertige Weite ist

$$F_{ae} = \frac{Q}{240\sqrt{H}} = \frac{960}{240\sqrt{220}} = 0,2700 \text{ qm,}$$

da die Gesamtpressung $H = 100 + 120 = 220$ mm WS. beträgt. — Vernachlässigt man das nicht allzugroße Wachsen des Ventilatordruckes bei abnehmender Liefermenge, so ist die verlangte gleichwertige Weite

$$F_{ae}' = \frac{400}{240\sqrt{220}} = 0,1120 \text{ qm.}$$

Die zunächst gesuchte gleichwertige Drosselweite F_c findet sich aus

$$0,1120 = 0,2700 \sim F_c$$

und hieraus durch Rechnung oder durch die graphische Methode

$$F_c = 0,1230 \text{ qm.}$$

Hiermit ist indessen die Aufgabe noch nicht gelöst, da noch die wirkliche Öffnung zu ermitteln bleibt, welche diese Abdrosselung erzeugt. Entsprechend der früheren Gleichung nach Carnot-Borda

$$F_c = F_r \frac{\mu}{1 - \mu}$$

bestimmt sich μ aus $F_c = 0,1230$ und aus der Rohrweite $F_r = 1^2 \cdot \frac{\pi}{4} = 0,788$ zu

$$\mu = \frac{1}{7,4},$$

welcher Wert wegen seiner Kleinheit noch mit den obigen Versuchswerten gut übereinstimmt.

Hiernach wird die eigentliche Düsenöffnung

$$F = \mu F_r = 0,106 \text{ qm,}$$

welche selbstverständlich immer kleiner wie F_c ist. Da der einfachen Montage wegen, um nämlich das Drosselorgan leicht zwischen zwei Rohrflanschen einschieben zu können, eine scharfkantige Öffnung in einer Blechscheibe benutzt werden soll, so wird endlich, wenn der Ausflußkoeffizient dieser mit 85 % angenommen wird, die gesuchte freizulassende Öffnung

$$\frac{0,106}{0,85} = 0,1250 \text{ qm,}$$

welcher ein kreisrundes Loch von 400 mm Durchm. entspricht. — Ohne die Ausführung dieser einfachen Rechnung war man auf das Probieren angewiesen, das hier wegen der giftigen Eigenschaft des Gichtgases gewisse Gefahren birgt. —

Der Widerstand bei plötzlicher Querschnittsänderung kann auftreten, ohne daß eine tatsächliche Erweiterung vorliegt. Dieser Fall ist besonders bei Saugleitungen zu beachten: Strömt die Luft in ein Rohr nach beistehender Skizze, so wird sich der Strahl infolge einer Verdichtung der Stromlinien unmittelbar nach dem Eintritt zusammenziehen und erst später an die Rohrfläche anlehnen. Die Wirkung dieser

Fig. 20.

Kontraktion entspricht ganz dem Vorgang bei plötzlicher Erweiterung; es ist, als ob wie oben eine Düse, die aber unsichtbar ist, wirksam wäre. Ist μ der Kontraktionskoeffizient, d. h. das Verhältnis des engsten Strahlquerschnittes zum Rohrquerschnitt, so ist genau wie früher die äquivalente Weite des Kontraktionsverlustes, die auch F_c genannt werden soll,

$$F_c = F_r \frac{\mu}{1 - \mu},$$

wo F_r die Rohrweite bedeutet. Wie bekannt ist, hat der Kontraktionskoeffizient als unterste Grenze den Wert 0,5, welcher n i e m a l s unterschritten werden kann; setzt man diese Zahl in obige Gleichung ein, so findet man die kleinste äquivalente Fläche der Kontraktion

$$F_{c \atop \text{min}} = F_r$$

und damit die interessante Erscheinung, daß im ungünstigsten Falle, bei der Einströmung in ein Rohr ebensoviel verloren geht wie bei der glatten Ausströmung, nämlich die ganze Geschwindigkeitsdruckhöhe. Durch unrichtige Ausbildung der Saugrohre können also erhebliche Verluste entstehen, vgl. z. B. die falsche Anordnung eines Rauchfängers (Fig. 21).

Vermindert sich durch bessere Formgebung des Rohreintritts die Kontraktion, so wächst der Wert F_c und wird unendlich für $\mu = 1$. Das letztere ist stets anzustreben, und es ist auch bei Vermeidung der schroffen Übergänge ohne Schwierigkeit annähernd zu erreichen.

Um den Einfluß der Kontraktion auf die Saugwider-
stände festzustellen, wurden vom Verfasser Versuche in folgender Weise angestellt: Ein Saugrohr von 1,895 m Länge
war an einen Exhaustor angeschlossen. An das freie Ende
konnten verschiedene Mündungen befestigt werden, welche

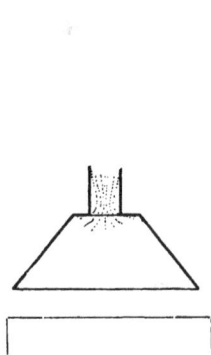 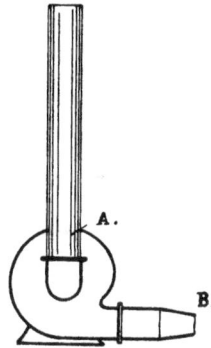

Fig. 21.   Fig. 22.

auf Kontraktion untersucht werden sollten. Gemessen wurde
der Unterdruck und die Menge bei A und der Kontrolle wegen
das ausfließende Quantum bei B (Fig. 22). Hierauf wurde
die gesamtäquivalente Weite aus Q und H an der Stelle A
berechnet, woraus unter Berücksichtigung der Rohrreibung
die äquivalente Weite der Einströmung gefunden wurde.

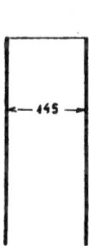 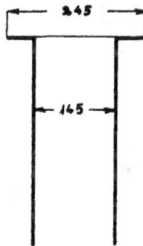 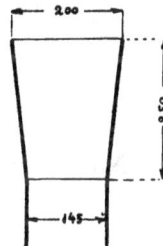

Fig. 23.   Fig. 24.   Fig. 25.

Bezeichnet man mit χ das Verhältnis von F_c zum Rohrquerschnitt, also nach der obigen Formel

$$\chi = \frac{F_c}{F_r} = \frac{\mu}{1-\mu},$$

so ergaben sich für die drei Haupttypen: glattes Rohr Fig. 23,
Rohr mit aufgelegtem Ring Fig. 24 und Rohr mit Trichter
Fig. 25, folgende Werte von χ (vgl. Tab. III), aus denen
nach obiger Beziehung μ bestimmt wurde. Wie man aus den
aus Weisbach entnommenen Zahlen, welche für den Ausfluß
von Wasser gelten, erkennt, stimmen die Werte der Kontraktion annähernd mit den hier gefundenen Werten von μ
überein. Das glatte Rohr Fig. 23 weist also einen großen
Eintrittswiderstand auf, der bei Benutzung eines Trichters
praktisch verschwindet.

Tabelle III.

Saug-mündung	glattes Rohr	Rohr m. Ring	Rohr m. Trichter
χ	1,315	2,18	∞
μ	0,568	0,685	1,000
μ Weisbach	0,541	0,632	0,950

Als Beispiel soll folgende Aufgabe gelöst werden: Wie groß
ist der Unterdruck in einem zylindrischen Rohre von 180 mm
Durchm., wenn mit einer dem Luftstrome entgegengehaltenen
Pitotröhre der Druck an einer Stelle gemessen wird, welche
10 m von der glatten Eintrittsmündung entfernt liegt (siehe
Fig. 26) und die durchfließende Menge 24,4 cbm/Min. beträgt?

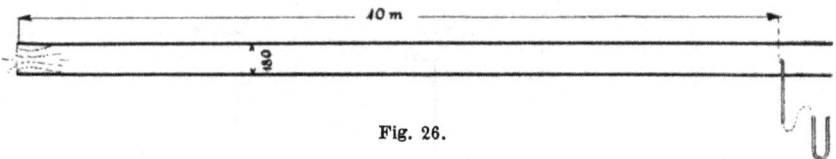

Fig. 26.

Nimmt man hier zur Annäherung χ wie oben gefunden
an, so ist die äquivalente Weite der Einströmung

$$F_c = 1{,}315 \cdot 0{,}18^2 \frac{\pi}{4} = 0{,}0335 \text{ qm.}$$

Nach früherem ist die gleichwertige Weite der Rohrreibung

$$F_\varrho = F_r \sqrt{\frac{D}{\lambda l}} = 0{,}18^2 \frac{\pi}{4} \sqrt{\frac{0{,}18}{0{,}01861 \cdot 10}} = 0{,}0250 \text{ qm.}$$

Die gesuchte Weite ist daher

$$F_{ae} = 0{,}0335 \sim 0{,}0250,$$

was rechnerisch oder graphisch ergibt

$$F_{ae} = 0{,}0200 \text{ qm.}$$

Demnach

$$H = \left(\frac{Q}{240\,F_{ae}}\right)^2 = \left(\frac{24{,}4}{240 \cdot 0{,}0200}\right)^2 = 26 \text{ mm WS.}$$

Wird auf die Saugeleitung ein Trichter aufgesetzt mit gutem Übergang, so bleibt, da $F_c =$ unendlich, nur noch die Rohrreibung, und deshalb ist in diesem Falle

$$H' = \left(\frac{24{,}4}{240 \cdot 0{,}025}\right)^2 = 16{,}6 \text{ mm WS.}$$

Die Pressungen zeigen sich an dem Manometer als Vakuum und der Gewinn an Druck von 36 % läßt wohl deutlich den Vorteil der konischen Erweiterungen erkennen, welche also nicht nur bei Druckröhren, zur Verminderung der Ausflußgeschwindigkeit sondern auch bei Saugröhren zur Verminderung der Carnotschen Verluste vorteilhaft anzuwenden sind.

Fig. 27.

Es ist hier Gelegenheit zu bemerken, daß die Eintrittsverluste nicht etwa unmittelbar am Eintritt durch Druckmessung bestimmt werden können: Verlegt man die im vorigen Beispiel an der Stelle I vorgenommene Messung nach II, vgl. Fig. 27, so wird man das überraschende Ergebnis finden, daß selbst ein sehr empfindliches Manometer keinen Ausschlag zu erkennen gibt, wennschon die kräftigste Strömung vorhanden ist. Der Grund hierfür ist leicht einzusehen: Bedeutet A den äußeren Atmosphärendruck, v und p die Geschwindigkeit bzw. den Druck an der Meßstelle II, so ist bekanntlich

$$A = p + \frac{\gamma v^2}{2\,g}$$

sofern auf dem sehr kurzen Weg keine Reibungsverluste auftreten, was auch tatsächlich der Fall ist. Das Manometer
würde nun einen Druck $p - A$ als Vakuum anzeigen, wenn
nicht als positiver Wert die Geschwindigkeitsdruckhöhe $\dfrac{\gamma v^2}{2g}$
hinzukäme, welche auf das Manometer stauend einwirkt und
so das Vakuum vollkommen ausgleicht, da nämlich diese nach
der vorigen Gleichung durch

$$\frac{\gamma v^2}{2g} = A - p$$

gemessen wird.

Rückt das axial gehaltene Meßröhrchen an den Rand
der Stromfäden, so zeigt sich jetzt ein kleiner Ausschlag, der
aber nur von dem schiefen Auftreffen der Luft herrührt.
In der Stellung III dagegen treten erhebliche Unterschiede
ein, verursacht durch die Wirkung der Carnotschen Wirbel.
(Nebenbei stehen diese in keinem einfachen Verhältnis zur
Strömungsgeschwindigkeit, auch dann nicht, wenn an Stelle
des parallel zur Rohrachse gegen den Strom gehaltenen Meß-
röhrchens ein solches senkrecht dazu, wie an der Stelle IV,
verwendet wird.

Fig. 28.

Es soll an dieser Stelle nur gezeigt werden, wie unsicher
die Mengenbestimmung der in einem Rohre strömenden Substanz mit Hilfe einer Drosselscheibe ist, welche Methode nach
Fig. 28 häufig zu technischen Messungen angewendet wird.
Die Angaben des Manometers M_2 entsprechen durchaus nicht
der hydrodynamischen Pressung des austretenden Strahles,
wie häufig bei der Berechnung angenommen wird. Vergl.
besonders Abschn. 15.)

6. Die Berechnung einer gegebenen Zweigleitung bei Überdruck.

Bisher bezogen sich die Betrachtungen lediglich auf Rohre, welche in einem Strang, unter Umständen bei veränderlichem Querschnitt, die Flüssigkeit (Luft, Gase usw.) fortleiten. — Mit Rücksicht auf die praktische Wichtigkeit, welche daneben verzweigte Rohre und Kanäle besitzen, sollen diese eingehender, als in der Literatur bis jetzt geschehen, behandelt werden, und zwar nach den einfachen Grundsätzen der Hydraulik.

Ist die Aufgabe gestellt, von einer Stelle aus mehrere Räume zu be- oder entlüften, oder sind z. B. von räumlich getrennten Holzbearbeitungsmaschinen u. dgl. Staub und Späne abzusaugen, so ist es im allgemeinen nicht wirtschaftlich, die Rohre einzeln zu verlegen, sondern es empfiehlt sich, gleichlaufende Röhren zusammen zu einem Rohr, dem Hauptrohr, zufassen und von hier nach Bedarf mit Rohrabzweigungen nach den verschiedenen Stellen zu gehen. Die Gründe hierfür lassen sich leicht aus der Forderung möglichster Wirtschaftlichkeit darlegen; sie leuchten aber auch gefühlsmäßig so vollkommen ein, daß hier auf eine Begründung verzichtet werden kann.

Als besonderes Merkmal der eigentlichen Zweigleitungen ist die stetige Druckverteilung zu betrachten, für den Fall, daß man von den einzelnen Widerständen, hervorgerufen durch Reibung und Wirbelung in den Abzweigstellen u. dgl., absehen kann. — Da der Reibungsverlust

$$H_r = \lambda \, \frac{l}{D} \cdot \frac{\gamma v^2}{2g}$$

bei gleichem Rohrdurchmesser und gleicher Geschwindigkeit
proportional der Rohrlänge l ist, so erhält man, wenn an
jeder Stelle der einzelnen Rohrstränge die daselbst herrschende
Pressung aufgetragen wird, schräge Linien, die sich je in den
Verzweigungsstellen in einem Punkte schneiden müssen, weil
naturgemäß hier nicht verschiedene Drücke zugleich auftreten können. Zu jeder Zweigleitung kann man sich also
eine Drucklinienfigur denken, wie in Fig. 29 perspektivisch

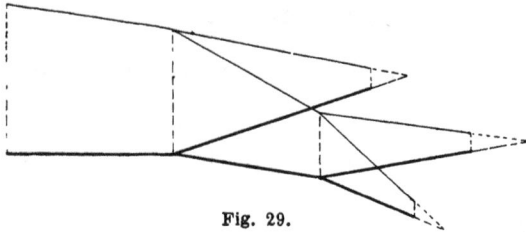

Fig. 29.

gezeichnet, aus der die Drücke bei gegebener Anfangspressung
an jeder Stelle abgelesen werden können, und wobei diese
an den Enden der Abzweige die Geschwindigkeitsdruckhöhen
darstellen. — Ist λ unabhängig von der Geschwindigkeit, so
sind für die verschiedenen Anfangspressungen die Drucklinienfiguren einander geometrisch ähnlich, und die Druck-
linien desselben Stranges schneiden sich in einem und demselben Punkte auf der (verlängerten) Strangachse, woraus ein
einfaches Konstruktionsgesetz folgt.

Bei einer beliebig gegebenen Verzweigung wird nun in
Wirklichkeit eine solche ideelle Druckverteilung nicht genau
zutreffen. Sind die Rohrquer-
schnitte z. B. bei einer Überdruckleitung in den Knotenpunkten (s. Fig. 30) nicht in bestimmter Weise gewählt, so werden hier die Strömungsgeschwin-
digkeiten v jählings voneinander

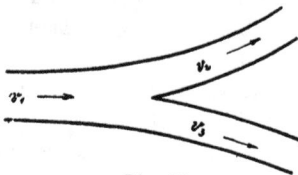

Fig. 30.

verschieden sein, und es treten die „Carnotschen Widerstände"
genau so auf wie oben bei den unvermittelten Übergängen.
Nach den Zweigröhren zu wird daher ein plötzlicher Druck-

abfall eintreten, der sich nach Früherem angenähert darstellen läßt durch

$$H_I = \frac{\gamma}{2\,g}\,(v_1 - v_2)^2; \quad \text{bzw. } H_{II} = \frac{\gamma}{2\,g}\,(v_1 - v_3)^2.$$

Ändert sich die Richtung der Geschwindigkeit, d. h. wird aus der Druckleitung eine Saugeleitung, so bleiben zwar die Verluste wegen der zweiten Potenz in derselben Größe bestehen, es soll aber hier schon im voraus bemerkt werden, daß aus dieser Erscheinung nicht immer auf eine Umkehrbarkeit der Druck- und Saugeleitungen geschlossen werden darf. Abgesehen davon, daß im allgemeinen auch an den Endstellen der Leitung keine Umkehrbarkeit herrscht, da der Austrittswiderstand im einen Fall und der Einströmverlust

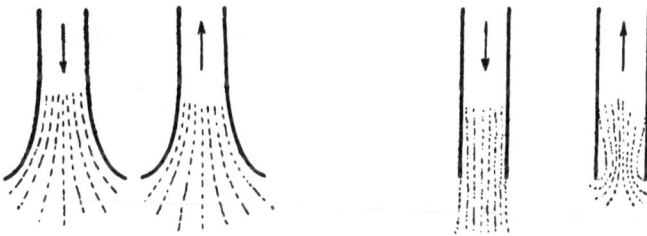

unendlich = äquiv. Mündungsweite = Rohrquerschnitt

Fig. 31.

im andern nicht bei jeder Mündung einander gleich sind, tritt bei Unterdruck an den Verzweigungsstellen eine gegenseitige Beeinflussung der einmündenden Ströme auf, die bei Überdruck naturgemäß fehlt. Durch die Vereinigung der mit verschiedenen Geschwindigkeiten laufenden Luftsäulen entsteht eine Art „Injektorwirkung", welche den langsameren Strom beschleunigt, den rascheren verzögert und wodurch die Strömungsvorgänge, bedingt durch das Gleichgewicht der Druck- und Widerstandskräfte, ganz merkbar verändert werden können, wie spätere Versuche zeigen werden. — Hieraus folgt, daß sich eine und dieselbe Leitung mit Bezug auf die hindurchströmenden Quanten, die Druck- und Geschwindigkeitsverhältnisse im allgemeinen bei Überdruck ganz anders verhält wie bei Unterdruck. Nur wenn die Querschnitte an den Zweigstellen der einzelnen Röhren so gewählt sind, daß an diesen Punkten Strömungsverluste vermieden werden, und wenn ferner die Rohrenden für Ein- und Ausströmung gleichwertige Formen haben, wie z. B. in Fig. 31 angedeutet, ist die völlige Umkehrbarkeit einer Zweigleitung streng möglich, und die rechnerisch zu bestimmenden Strömungsverhältnisse für Überdruck gelten auch sinngemäß für Unterdruck.

Im folgenden soll nun das Prinzip der Berechnung einer gegebenen verzweigten Druckleitung dargelegt werden. Der Übersicht wegen sei die überhaupt einfachste Anordnung einer Zweigleitung gewählt, bestehend aus einem Hauptrohre und aus zwei Abzweigröhren (s. Fig. 32), und man soll feststellen, welches Gesamtquantum bei einer bestimmten Pressung gefördert wird, wie sich dieses auf die einzelnen Zweige verteilt und welche Drücke, Geschwindigkeiten usw. dabei auftreten.

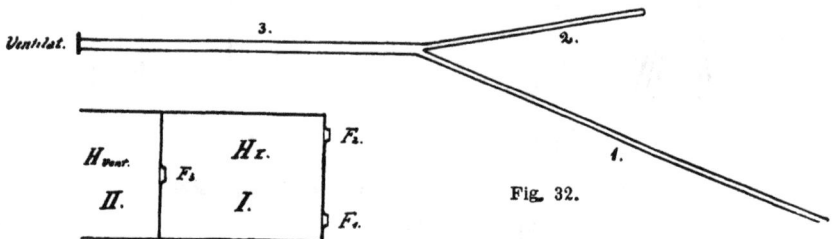

Fig. 32.

Fig. 33.

Ein etwa angeschlossener Ventilator drückt die Luft bis zur Verzweigungsstelle, an welcher noch ein solcher Drucküberschuß vorhanden sein muß, damit dieser die jeweilige Zweigrohrreibung einschließlich der sonstigen Widerstände überwinden kann. Da der Druck im Verzweigungspunkt für beide Zweigrohre derselbe ist, so wird das von hier in jedes der beiden Rohre abfließende Quantum in dem Maße größer oder kleiner sein, als die sonst zu überwindenden Widerstände kleiner oder größer sind. Als besten Maßstab haben wir hierfür die äquivalente Weite erkannt, und es ist nach obigem naheliegend, die gegebene Leitung ganz einfach mit einem sehr großen, zusammengesetzten Gefäß zu vergleichen.

Ersetzt man die einzelnen Rohre durch deren gleichwertige Öffnungen F_1, F_2 und F_3, so besteht die Aufgabe darin, die Strömungsverhältnisse in dem nebenstehenden Gefäß (Fig. 33) zu ermitteln. Der Raum I hat eine Gesamtausströmöffnung $F_1 + F_2$, und hinter diese Weite ist die Widerstandsöffnung nach dem Druckraum II geschaltet, so daß also die gesamte resultierende Weite ist

$$F_{ae} = (F_1 + F_2) \backsim F_3.$$

Ist der Druck des Ventilators H, so ist sofort das von diesem geförderte Quantum gegeben durch

$$Q = 240\, F_{ae} \sqrt{H}$$

und da sich dieses im Verhältnis von F_1 zu F_2 auf die Zweigrohre verteilt, so wird die durch Rohr 1 bzw. 2 fließende Menge sein

$$Q_1 = Q\, \frac{F_1}{F_1 + F_2}$$
$$Q_2 = Q\, \frac{F_2}{F_1 + F_2},$$

wobei die Summe von Q_1 und Q_2 wieder Q ausmachen muß. Wird z. B. noch die Angabe der Pressung im Verzweigungspunkt verlangt, so ist zu beachten, daß diese gleich der Pressung H_I im Raume I ist, die sich aus der Beziehung findet

$$H_I = \left(\frac{Q}{240\,(F_1 + F_2)} \right)^2.$$

Da mit den gefundenen Liefermengen und den gegebenen Rohrdurchmessern auch die Geschwindigkeit an jeder Stelle bekannt ist, so sind alle wissenswerten Einzelheiten über den Verlauf der Strömung aufgeklärt. — Jede praktisch vorkommende Zweigleitung läßt sich stets aus einer Reihe von Elementarzweigen wie dem obigen zusammensetzen, und man erkennt, daß keine grundsätzlichen Schwierigkeiten der Berechnung entgegenstehen.

Unter F_1, F_2, F_3 sind natürlich die gleichwertigen Weiten der einzelnen Rohrstränge zu verstehen, die sich je bestimmen aus den Rohrreibungs- inkl. Einzelwiderständen und aus dem Eintrittsverlust bzw. dem Austrittsverlust. An den Verzweigungspunkten müssen entweder die Austrittswiderstände der Hauptrohre, oder die, diesen gleichen Eintrittswiderstände der Zweigrohre berücksichtigt werden, welche, abgesehen von den Ablenkwirbeln, im wesentlichen hervorgerufen werden durch die Carnotschen Widerstände.

Es bietet keine Schwierigkeit, die äquivalente Weite dieser letzteren Verluste zu bestimmen. Nach umstehender Fig. 34 ist der Carnotsche Verlust

$$H_I = \frac{\gamma}{2\,g}\,(v_1 - v_2)^2.$$

Schreibt man diese Gleichung in folgender Weise identisch um

$$H_I = \frac{\gamma}{2\,g}\,(v_2\,F_2)^2 \left(\frac{v_1\,F_1}{F_1\,v_2\,F_2} - \frac{1}{F_2}\right)^2 = \frac{Q_2{}^2}{240^2}\left(\frac{v_1\,F_1}{F_1\,v_2\,F_2} - \frac{1}{F_2}\right)^2$$

und setzt

$$\frac{Q_1}{Q_2} = \frac{v_1\,F_1}{v_2\,F_2} = \frac{F_{ae1}}{F_{ae2}} = \beta_I,$$

so erhält man durch Vergleich der Druckhöhe mit

$$H_I = \left(\frac{Q_2}{240\,F_I}\right)^2,$$

wo F_I die Carnotsche Weite bedeutet,

$$\frac{1}{F_I{}^2} = \left(\frac{\beta_I}{F_1} - \frac{1}{F_2}\right)^2$$

oder für

$$\frac{F_1}{F_2} = \alpha_I,$$

$$F_I = F_2\,\frac{\alpha_I}{\beta_I - \alpha_I} \left.\begin{matrix} \\ \\ \end{matrix}\right\}$$

und entsprechend $\quad F_{II} = F_3\,\dfrac{\alpha_{II}}{\beta_{II} - \alpha_{II}}$

Sollen die Carnotschen Widerstände nicht auftreten, so müssen die Querschnitte an den Verzweigungsstellen in einem besonderen Verhältnis zu einander stehen, das sich leicht aus der Bedingung für F_I und F_{II} gleich unendlich finden läßt, nämlich aus $\alpha_I = \beta_I$ und $\alpha_{II} = \beta_{II}$. — Setzt man hierfür die obigen Werte ein, so hat man

$$\frac{F_1}{F_2} = \frac{F_{ae1}}{F_{ae2}}$$

$$\frac{F_1}{F_3} = \frac{F_{ae1}}{F_{ae3}}$$

oder es muß sein

$$F_1 : F_2 : F_3 = F_{ae1} : F_{ae2} : F_{ae3}$$

d. h. die Querschnitte einer Verzweigungsstelle müssen sich verhalten wie ihre zugehörigen äquivalenten Weiten.

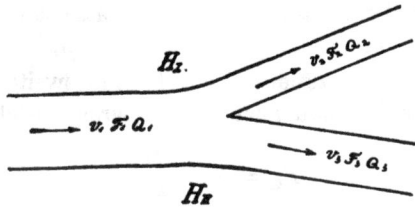

Fig. 34.

Trifft dies genau ein, so sind die Geschwindigkeiten der zu- und abfließenden Ströme einander gleich, und es vollzieht sich die Trennung bzw. die Vereinigung möglichst verlustfrei. Selbstverständlich müssen die Übergänge von den eigentlichen Rohrquerschnitten zu den Querschnitten des Knotenpunktes allmählich erfolgen. —

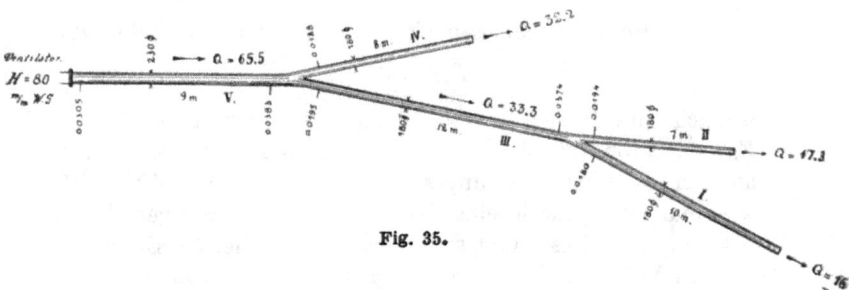

Fig. 35.

Im folgenden sei nun ein Beispiel gewählt, welches die Berechnung einer Zweigleitung zahlenmäßig veranschaulichen soll und bei welchem zugleich ein merkwürdiges Paradoxon seine Erklärung findet. — Wie die Fig. 35 schematisch zeigt, enthalte die Zweigleitung drei Abzweigrohre verschiedener Länge, welche zylindrisch ausblasen. Der Durchmesser der Röhren sei 180 mm mit Ausnahme des an den Ventilator angeschlossenen Rohres, das 230 mm Stärke hat. Der Einfachheit wegen ist vorausgesetzt, daß die Verzweigungspunkte derartig ausgebildet sind, daß hier keine besonderen Verluste auftreten. Die Aufgabe soll darin bestehen, die minutlichen Liefermengen zu bestimmen, welche bei einem Anfangsdruck von 80 mm Wassersäule durch die (eisernen) Röhren fließen, und außerdem die Pressungen in mm Wassersäule anzugeben, welche an den Verteilungspunkten herrschen.

Bestimmt man zunächst die Reibungsweite des Zweigrohres I, so findet man nach der früheren Gleichung

$$F_\varrho = F_r \sqrt{\frac{D}{\lambda l}}$$

für $\lambda = 0,01861$ den Wert $0,0251$ qm. Diese Fläche hinter $\frac{D^2 \pi}{4} = 0,0255$ qm geschaltet (da das Rohr glatt ausbläst) ergibt

$$F_I = 0,0251 \sim 0,0255 = 0,0180 \text{ qm}$$

als die gleichwertige Weite des Zweigrohres I. In gleicher Weise findet man

$$F_{II} = 0,0194 \text{ qm.}$$

Das Rohr III hat also einen „scheinbaren" Ausblas von

$$F_I + F_{II} = 0,0374 \text{ qm,}$$

wonach unter Berücksichtigung seiner Reibungsweite ein Wert $F_{III} = 0,0195$ qm folgt usw. — In der Figur sind diese Zahlen an den Zweigpunkten angeschrieben. Die totale Weite ist, wie man sich durch eine Nachrechnung überzeugen kann, 0,0305 qm, und es ergibt sich hiernach bei einer Pressung von 80 mm Wassersäule ein gefördertes Quantum von

$$Q = 240 \cdot 0,0305 \sqrt{80} = 65,5 \text{ cbm/Min.}$$

Die durch die einzelnen Röhren fließenden Mengen sind jetzt hieraus im Verhältnis ihrer äquivalenten Weiten zu bestimmen, also

$$Q_{IV} = \frac{65{,}5 \cdot 0{,}0188}{0{,}0383} = 32{,}2 \text{ cbm/Min.,}$$

$$Q_{III} = \frac{65{,}5 \cdot 0{,}0195}{0{,}0383} = 33{,}3 \text{ cbm/Min.}$$

usw., wie in der Figur angegeben. Der Druck im ersten Abzweigspunkt an den Röhren I—II ist

$$H_1 = \left(\frac{33{,}3}{240 \cdot 0{,}0374}\right)^2 = 13{,}8 \text{ mm WS.}$$

und entsprechend

$$H_2 = \left(\frac{65{,}5}{240 \cdot 0{,}0383}\right)^2 = 51 \text{ mm WS.}$$

Durch die vom Ventilator am entferntesten verlegten Rohre I und II fließen also pro Minute 16 cbm bzw. 17,3 cbm, während durch das Rohr IV 32,2 cbm/Min. geleitet werden; die Summe dieser Liefermengen = 65,5 cbm/Min. ist von dem etwa angeschlossenen Ventilator bei einem Druck von 80 mm Wassersäule aufzubringen (vgl. Fig. 35).

Es ist nun auf eine Erscheinung in diesem Beispiel hinzuweisen, welche auf den ersten Blick dazu führen könnte, die Richtigkeit der angestellten Berechnung zu bezweifeln. Es hat sich ergeben, daß durch den Strang I eine geringere Liefermenge fließt wie durch Strang II; dies ist ganz erklärlich, denn Strang I ist dafür, bei gleichem Durchmesser, um ca. 43% länger. Anders verhält es sich, wenn man die beiden sich verzweigenden Rohre III und IV miteinander vergleicht. Das Rohr III ist ohne seine Zweigrohre noch um 50% länger, bei gleichem Durchmesser wie das Rohr IV, und dennoch ist die durchfließende Menge um ca. 3,5% größer! Sorgfältig vom Verfasser angestellte Versuche haben die Richtigkeit dieser rechnerisch gefundenen Resultate bestätigt. Der scheinbare Widerspruch ist sofort gehoben, wenn man nicht nur die Reibungswiderstände, sondern auch die Ausflußwiderstände in Betracht zieht, welche, wie in diesem Falle, die ersteren bedeutend überwiegen. Bei diesem Beispiel sind die Mündungswiderstände auf den Zweig I, II, III bezogen wegen der doppelten Rohrflächen wesentlich kleiner, als bei dem

Strang IV, der diesen Vorsprung nicht durch die geringere Rohrlänge einzuholen vermag.

Aus der soeben angestellten Berechnung einer verzweigten Leitung erkennt man, daß die Lösung im Prinzip einfach ist, daß aber die hier geübte rechnerische Durchführung eine gewisse Mühe verursacht und für eine z. B. mittlere Anlage von ungefähr 20 bis 30 Abzweigen verhältnismäßig viel Zeit erfordern würde. Um die Rechnung zu vereinfachen, soll daher auf ein Verfahren hingewiesen werden, das aus graphischen Tabellen unmittelbar die gewünschten Weiten abzulesen gestattet. — Wie man bemerkt hat, handelt es sich

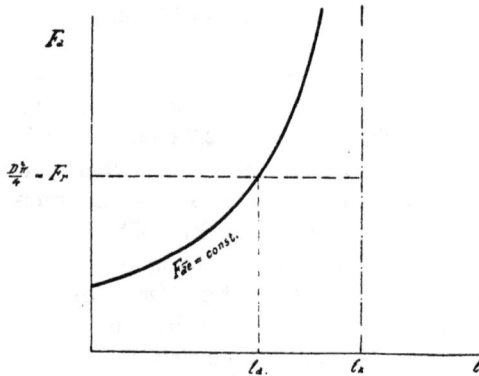

Fig. 36.

stets um die Bestimmung der gleichwertigen Weiten zweier hintereinander geschalteten Widerstände, von denen der eine ein Mündungswiderstand, der andere ein Rohrreibungswiderstand ist. Trägt man bei einem bestimmten Rohrdurchmesser D die Rohrlänge l als Abszisse auf und die Ausströmweite F_a als Ordinate, so ist hierdurch ein Punkt gegeben, dem eine ganz bestimmte äquivalente Weite zukommt. Verändert man l und F_a derartig, daß sich der Wert F_{ae} nicht verändert, so wird man eine Kurve konstanter Äquivalenz erhalten (siehe Fig. 36). Die Gleichung dieser Linie läßt sich leicht herleiten.

Setzt man in $F_{ae} = F_\varrho \infty F_a$

d. h. in $\dfrac{1}{F_a{}^2} = \dfrac{1}{F_\varrho{}^2} + \dfrac{1}{F_a{}^2}$

für
$$F_\varrho = F_r \sqrt{\frac{D}{\lambda l}}$$

wo bekanntlich $F_r = \dfrac{D^2 \pi}{4}$ ist, so hat man

$$\frac{1}{F_{ae}{}^2} = \frac{\lambda l}{D\,F_r{}^2} + \frac{1}{F_a{}^2}.$$

Bezeichnet man der Abkürzung wegen mit

$$\varphi = \frac{F_a}{F_r}; \quad \psi = \frac{F_{ae}}{F_r},$$

so ist

$$l = \frac{D}{\lambda} \left(\frac{1}{\psi^2} - \frac{1}{\varphi^2} \right)$$

die gesuchte Gleichung, in welcher $\dfrac{D}{\lambda}$ konstant ist, ebenso der Wert ψ für die gleiche Äquivalenz; l und φ sind dagegen die Veränderlichen. — Ist $l = 0$, so wird $\varphi = \psi$, wie es sein muß. Für

$$l = \frac{D}{\lambda\,\psi^2} = l_k$$

wird φ unendlich; die gesuchte Kurve verläuft also asymptotisch zur $F_a =$ Parallelen im Abstand l_k (vgl. Fig. 36). Für größere Werte von l wie l_k gibt es keine reellen Werte von φ und damit von F_a. — Diese Kurve, welche wir zukünftig „Rohrkurve" nennen wollen, stellt also den Zusammenhang dar, unter welchem man bei gegebener Pressung die Länge eines Rohres vom Durchmesser D und dessen Mündungsweite verändern darf, ohne daß sich die Liefermenge ändert. Ist die Rohrlänge kleiner wie l_a, so muß das Rohrende eine konisch-konvergente Düse sein, im anderen Falle eine konisch-divergente, nach Art eines Saugrohres[1]. Bei der Länge l_k ist die

---

[1] Die äquivalente Weite einer konisch-konvergenten Düse ist mit großer Genauigkeit dem Austrittsquerschnitt gleich. Diejenige eines Saugrohres (konisch-divergenten Düse) ist jedoch praktisch nur ein Bruchteil des Austrittsquerschnittes, da sozusagen nicht die ganze Geschwindigkeit in Druck umgesetzt wird. In den folgenden Untersuchungen soll indessen der Einfachheit wegen angenommen werden, daß der Wirkungsgrad eines Saugrohres 100 % sei, daß also der ganze Austrittsquerschnitt wirksam ist.

Rohrreibung F_ϱ allein schon gleich F_{ae} geworden, deshalb ist es nötig, daß die Austrittsgeschwindigkeit Null, also der Auslaß unendlich groß ist.

Zeichnet man für eine Reihe von ψ-Werten, die beliebig angenommen werden können, die entsprechenden Rohrkurven, so erhält man eine Kurvenschar, wie auf nebenstehendem Kurvenblatt (Fig. 37) für eine Rohrweite von 180 mm gezeichnet ist. Es ist charakteristisch, daß die Kurven alle dieselbe Form haben, sie sind nur parallel zur l-Achse verschoben, wie aus ihrer Gleichung hervorgeht, da ψ kein Produkt oder dergleichen mit den Veränderlichen eingeht.

Soll nun, als einfaches Beispiel, mittels des genannten Kurvenblattes die beliebige Weite 0,036 qm hinter eine Länge von 16 m geschaltet werden, so hat man nur nötig, den Punkt A aufzusuchen und dem Laufe der Rohrkurven bis zur Ordinatenachse zu folgen, wo die gesuchte Fläche von 0,0175 qm steht. Diese Operation führt weit schneller zum Ziel wie jede zahlenmäßige oder graphische Berechnung, sie erfordert nur, daß die Rohrkurven einmal aufgezeichnet werden, und zwar für alle gebräuchlichen Rohrdurchmesser nach Art der genannten Darstellung für 180 mm Rohrweite. Unterzieht man sich dieser allerdings nicht geringen Mühe, so erhält man einen Rohrkurvenatlas, der zur Berechnung von Zweigleitungen für Luft- und Gastransportanlagen aller Art die besten Dienste leistet.

Zur Erläuterung der gezeichneten Kurvenschar ist zu bemerken, daß die Werte für F_a, welche unterhalb ein Drittel des Rohrquerschnitts liegen, ebenso diejenigen, welche mehr wie das Doppelte desselben betragen, nicht dargestellt sind; in diesen Lagen kommen erfahrungsgemäß selten noch Weiten vor mit Ausnahme der Werte für F_a gleich unendlich. Um in der Lage zu sein, für diesen Fall noch die äquivalente Weite bestimmen zu können, die, wie bekannt, dann nur von der Rohrreibung abhängt, trägt man die Werte für $\varphi = \infty$ auf und bestimmt somit eine Kurve, die genau spiegelig zu den übrigen verläuft. In dem Kurvenblatt ist diese Linie punktiert gezeichnet, und man findet z. B. bei 16 m Rohrlänge durch eine Parallele durch B die reine Rohrreibungsweite $F_\varrho = 0{,}0196$ qm. Zu erwähnen ist hierbei, daß

Rohrdurchmesser 180 m/m

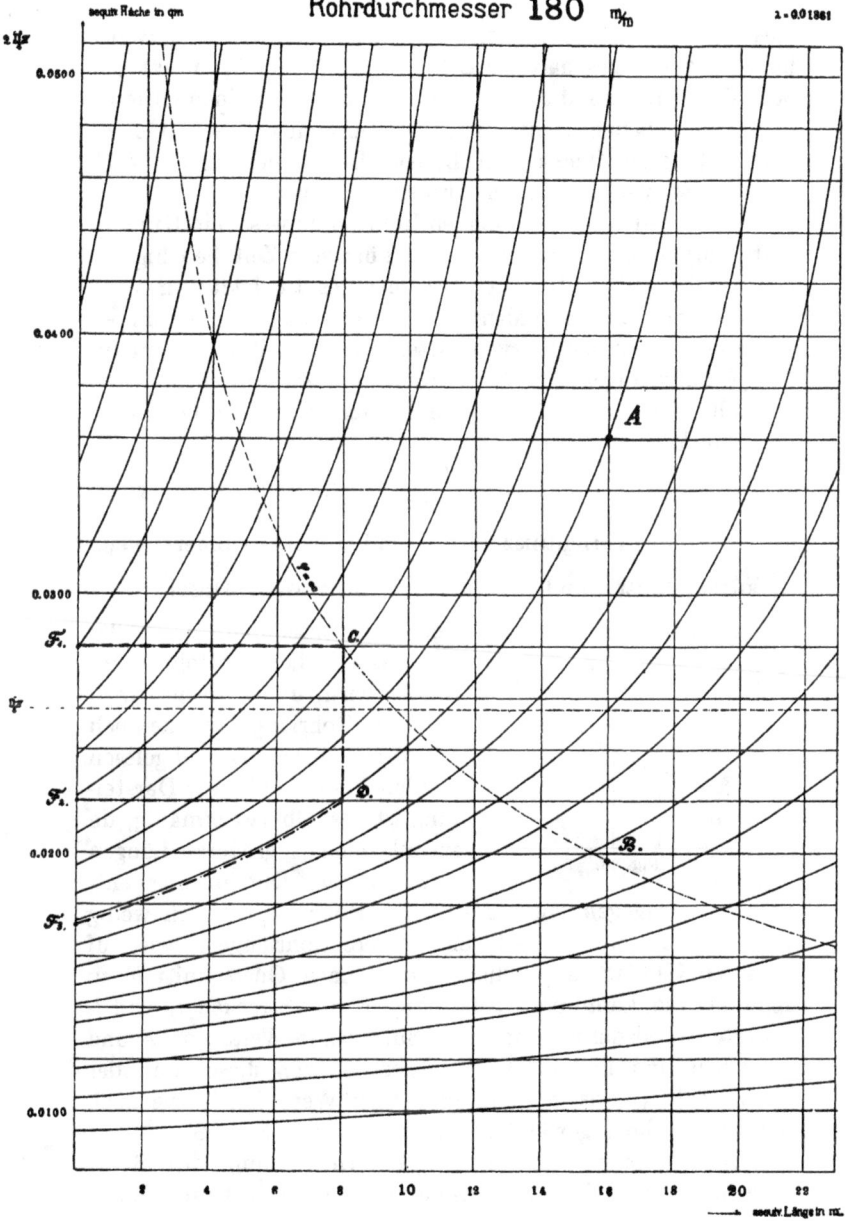

Fig. 37.

diese Kurve auch gestattet, die resultierende Weite F_3 zweier hintereinander geschalteter Öffnungen F_1 und F_2 direkt auf dem Kurvenblatte abzulesen, indem man zu der einen Öffnung die entsprechende Rohrlänge sucht und aus dieser und F_2 den verlangten Querschnitt findet. Der Linienzug $F_1 C D F_3$ wird dieses Verfahren zum Ausdruck bringen.

Ist für jeden vorkommenden Rohrdurchmesser ein Kurvenblatt aufgestellt, so kann man in kürzester Zeit beliebig gegebene Zweigrohrleitungen berechnen, es ist jetzt nur noch ein Ablesen der äquivalenten Querschnitte erforderlich. — Die Darstellung der Kurvenblätter wird einheitlich, wenn für die je aufzutragenden Rohrlängen ein bestimmter Maßstab gewählt wird. Schreibt man die oben gefundene Gleichung der Rohrkurven derart

$$1 = \frac{D}{\lambda l}\left(\frac{1}{\psi^2} - \frac{1}{\varphi^2}\right),$$

so werden die Verhältniszahlen ψ und φ nicht geändert, wenn $\dfrac{D}{\lambda l}$ konstant ist, und für die verschiedensten Durchmesser gelten alsdann die genau gleichen Kurvenscharen. Je größer

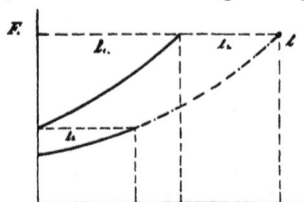

Fig. 38.

in diesem Falle der Rohrdurchmesser wird, um so größer wird dann die Rohrlänge, welche noch auf dem Kurvenblatt abgelesen werden kann, und diese Darstellung ist deshalb zweckmäßig, da im allgemeinen größeren Längen auch größere Durchmesser entsprechen, dagegen enge und lange Röhren praktisch wenig in Betracht kommen. Ist eine größere Rohrlänge l, wie auf dem Kurvenblatt angegeben, hinter einen Querschnitt F zu schalten, so kann man l beliebig in die Strecken l_1 und l_2 unterteilen, alsdann zuerst die resultierende Weite von F und l_1 suchen und hierauf die resultierende von dieser und der Teilstrecke l_2, was zu dem gesuchten Wert führt, wie auch die Unterteilung gewählt werden mag (vgl. Fig. 38).

Nach diesem Hinweis auf die Verwendung der Rohrkurven zur praktischen Bestimmung der äquivalenten Rohr-

weiten ist es nicht schwierig, selbst die größten gegebenen
Zweigrohranlagen in der kürzesten Zeit zu berechnen, vorausgesetzt, daß für die vorkommenden Rohrdurchmesser die
Rohrkurven vorliegen. — Sind nun, wie es praktisch stets
vorkommt, in den einzelnen Rohrsträngen noch gewisse Einzelwiderstände eingeschaltet, so müssen deren entsprechende
Weiten nach einem obigen Verfahren mit je den übrigen
äquivalenten Weiten vereinigt werden, und die Rechnung
vollzieht sich in der sonstigen Weise. Häufig vorkommende
Einzelwiderstände stellen die Krümmer dar, weil es wegen
der örtlichen Verhältnisse selten möglich ist, die Leitungen
in gerader Linie zu verlegen. Die Widerstände treten auf infolge der verstärkten Flüssigkeitswirbelungen, welche die mehr
oder minder plötzliche Richtungsänderung hervorruft, deren
nachteilige Wirkung sich dann noch auf weite Strecken von
dem Krümmer aus bemerkbar macht. Viel weniger noch
wie bei der glatten Rohrleitung sind derartige Erscheinungen
bis heute einer exakten theoretischen Behandlung zugäng-
lich, und man ist auch hier nur auf Versuche angewiesen,
welche von Fall zu Fall die Verluste feststellen müssen.

Nach den allgemeinen Ergebnissen von W e i s b a c h
und anderen Forschern kann man den Druckverlust H_k der
Rohrkrümmer (auch der sonstigen Einzelwiderstände) darstellen durch

$$H_k = \zeta \frac{\gamma v^2}{2g},$$

worin ζ einen Erfahrungswert bedeutet, welcher für atmosphärische Luft und z. B. für einen rechtwinkligen Krümmer,
dessen mittlerer Radius zwischen dem einfachen und doppelten Rohrdurchmesser liegt,

$$\zeta = 0{,}2$$

beträgt. Es ist leicht, aus der obigen Gleichung die äquivalente Weite eines Krümmers zu finden; für die praktischen
Berechnungen ist es indessen vorteilhafter, eine andere Aus-
drucksweise einzuführen, und zwar die der äquivalenten Länge.
Man versteht darunter diejenige Länge eines geraden Rohres,
welche bei gleichem Quantum denselben Widerstand verursacht, wie ein Krümmer, oder allgemein wie ein Einzel-

widerstand. Kennt man deren äquivalente Längen, so findet man die gesamte äquivalente Länge eines Rohres, indem man einfach diese zu der gestreckten Länge des Rohres addiert. Durch dieses Verfahren verringert man die Anzahl der Hintereinanderschaltungen, wodurch die Berechnung beschleunigt wird.

Auf folgende Weise kann man zur Annäherung die äquivalente Länge eines Krümmers feststellen: es ist für ein glattes Rohr

$$H_r = \frac{\lambda\, l}{D} \frac{\gamma v^2}{2\,g}$$

und für einen Krümmer

$$H_k = \zeta\, \frac{\gamma v^2}{2\,g}.$$

Soll bei gleicher Geschwindigkeit $H_r = H_k$ sein, so muß

$$\zeta = \lambda\, \frac{l}{D}$$

sein, oder es ist

$$l = \zeta\, \frac{D}{\lambda}.$$

Setzt man der Überschlagsrechnung wegen den Wert für λ konstant, und zwar im Mittel zu $\lambda = 0,0200$, so findet man

$$l_{ae} = 10\, D.$$

Für jeden Krümmer, z. B. eines Rohres von 200 mm Durchmesser, ist also zur gestreckten Rohrlänge ein Zuschlag von 2 m zu machen, um angenähert die gesamte äquivalente Länge zu erhalten. Für Krümmungen, welche außerhalb der genannten Grenze liegen, ist dieser Wert je nach der Stärke zu erhöhen oder zu vermindern; das gleiche gilt für Krümmer kleiner oder größer wie ein rechter.

Hiermit sind fast alle Schwierigkeiten, welche sich bei der Berechnung einer beliebigen Zweigrohranlage einstellen, beseitigt; bezüglich eines praktischen Beispiels sei indessen auf das nächste Kapitel verwiesen, wo eine in gleicher Weise zu berechnende Unterdruckleitung experimentell wie rechnerisch untersucht ist.

7. Die Berechnung einer gegebenen Zweigleitung bei Unterdruck.

Im vorigen Abschnitt wurden die Unterschiede berührt, welche die Überdruckleitungen von den Unterdruckleitungen trennen, und es wurde erwähnt, daß im allgemeinen durch Umkehrung des Druckes nicht genau dieselben Wirkungen in entgegengesetzter Bewegungsrichtung erzielt werden können. Der Grund liegt also darin, daß an den Endstellen bei Überdruck die Geschwindigkeitsdruckhöhen, bei Unterdruck dagegen die Kontraktionsverluste bzw. die Carnotschen Widerstände zu überwinden sind; hierzu kommt noch bei Unterdruck der sehr wesentliche Umstand, daß sich die zusammenmündenden Ströme, falls ihre Geschwindigkeiten verschieden sind, gegenseitig ganz erheblich beeinflussen. — Soll eine vorgelegte Unterdruckzweigleitung berechnet werden, so ist zu bemerken, daß die Eintrittsverluste an den Saugstellen nach Früherem unschwer zu bestimmen sind und man erkennt, daß, falls keine „Injektorwirkung" vorhanden, wenn also die Querschnitte der Zweigstellen in demselben Verhältnis zueinander stehen wie die äquivalenten Weiten, das Berechnungsverfahren sich in gleicher Weise vollziehen wird wie bei Überdruckleitungen. — In dem Maße aber, als diese Bedingungen nicht zutreffen, entstehen Wirbelverluste durch plötzliche Querschnittsänderungen und damit zugleich jene schon oben erwähnte Injektorwirkung, deren Einfluß von vornherein schwer festzustellen ist. Zur Berechnung einer beliebigen Unterdruckleitung liegt die Annahme nahe, zunächst die etwa auftretenden Wirbelverluste an den Zweigstellen zu vernachlässigen und die Berechnung in der Weise durchzuführen, als seien die Geschwindigkeiten hier jeweils einander gleich.

Der Wichtigkeit wegen, welche die Saugeleitungen bei Entlüftungen, Entdünstungen, Entstaubungs- und Spänetransportanlagen u. dergl. haben, hat der Verfasser eine größere Zweigleitung untersucht, und es sollen im folgenden die Ergebnisse sowohl der Beobachtung als auch der Berechnung mitgeteilt werden. Beistehende Zeichnung Fig. 39 gibt die Anordnung der betrachteten Versuchsrohrleitung wieder. An das ca. 600 mm starke Hauptrohr schließt sich ein elektrisch betriebener Exhaustor an, welcher die Luft aus der Leitung ansaugt und durch ein kurzes Rohrstück wieder ins Freie drückt. Im ganzen sind 13 Saugestellen vorhanden, von welchen die Luft mittels Zweigröhren dem Hauptrohre unter möglichst spitzen Winkeln zugeführt wird, und um erhebliche Eintrittsverluste durch Kontraktion zu vermeiden, sind an allen Eintrittsstellen Saugetrichter vorgesehen. Die benutzten Krümmer sind annähernd rechtwinklig und deren innere Krümmungsradien liegen in den Grenzen von 220 bis 300 mm.

Zur Erlangung eines sicheren Überblickes über den gesamten Strömungsvorgang wurden an 22 verschiedenen Stellen, welche durch umkreiste Zahlen kenntlich gemacht sind, sowohl die Pressung, als auch das in der Zeiteinheit fließende Quantum bestimmt. Die Meßstellen waren möglichst vor den Krümmern angeordnet, um deren störende Einwirkung auszuschalten, und da trotzdem die Druckverteilung sowohl, wie die Geschwindigkeit in den Röhren nie ganz gleichmäßig ist, wurden in jedem Querschnitt die Messungen an fünf verschiedenen, gleich verteilten Stellen vorgenommen. Zur Bestimmung des Unterdruckes sowie der durchfließenden Menge war eine Stauscheibe von 11 mm Kopfdurchmesser gewählt, welche vor den Versuchen sorgfältig geeicht wurde. Zur Ausschaltung von Beobachtungsfehlern sind sämtliche Ablesungen dreimal ausgeführt worden, und zwar bei den drei verschiedenen Drehzahlen des Exhaustors $n = 500$, $n = 600$ und $n = 720$ Touren/Min.

Die Versuchsergebnisse sind in der Tabelle IV zusammengestellt, welche sämtliche Meßpunkte von 1 bis 22 enthält. In die Reihen 3 und 4 sind die Quanten und Pressungen bei

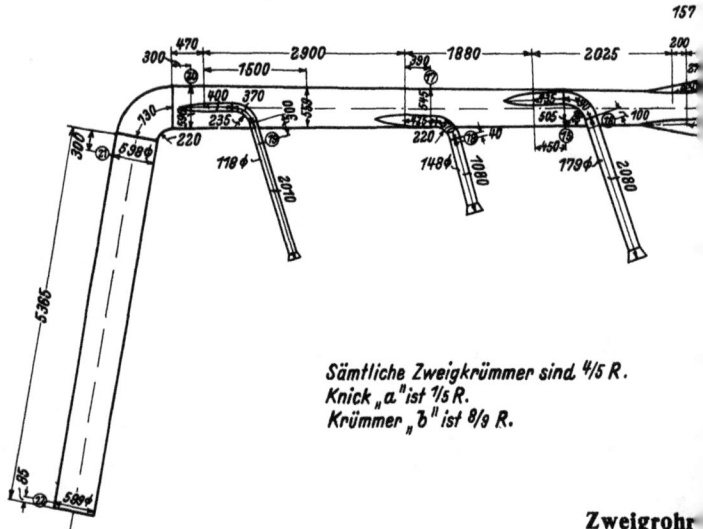

Sämtliche Zweigkrümmer sind ⁴/₅ R.
Knick „a" ist ¹/₅ R.
Krümmer „b" ist ⁸/₉ R.

Zweigrohr

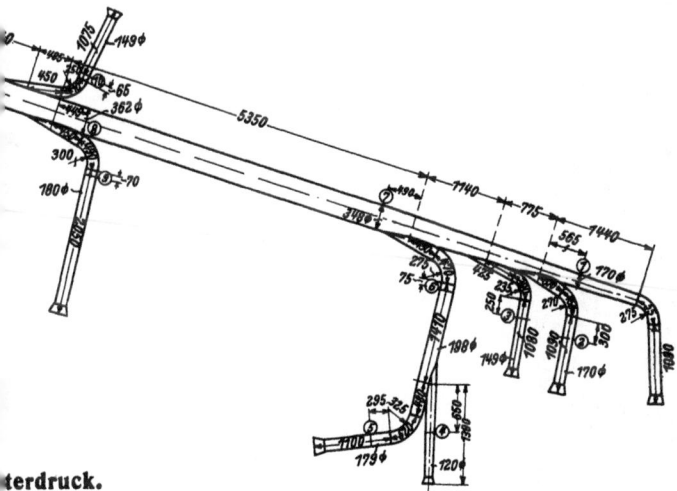

Verlag von R. Oldenbourg, München und Berlin.

den verschiedenen Tourenzahlen eingetragen, während in den Reihen 5 und 6 diese gefundenen Werte in derselben Reihenfolge auf die angenommene Tourenzahl $n = 620$ bezogen sind. Die Reduktionen sind nach den Gesetzen ausgeführt, daß sich die Liefermengen proportional der einfachen Potenz, die Pressungen dagegen proportional der zweiten Potenz der Tourenzahlen verhalten. Es ergibt sich aus der weiter unten zu besprechenden Theorie der Ventilatoren, daß die Annahmen dann genau zutreffen, wenn der Reibungskoeffizient unabhängig von der Geschwindigkeit ist, wie wir ja auch bis jetzt immer ausdrücklich angenommen haben. Aus Reihe 5 ist zu erkennen, daß die zurückgeführten Werte der Luftmengen, trotzdem die Geschwindigkeiten um ca. 20 % und 44 % verschieden sind, recht gut miteinander übereinstimmen: der mittlere Fehler dürfte 3 % nicht überschreiten, was wohl für die Berechtigung spricht, λ unabhängig von der Geschwindigkeit annehmen zu dürfen. — Weniger gut stimmen die Pressungen in Reihe 6; wie leicht einzusehen, ist dies bei den auftretenden geringen Saughöhen zum größten Teil auf die Schwierigkeit der Manometerablesungen zurückzuführen. — Die Reihen 7 und 8 enthalten die aus 5 und 6 gewonnenen mittleren Werte, wobei die angegebenen Quanten als wahrscheinliche Mengen bezeichnet sind, weil noch die Bedingung hinzugenommen wurde, daß je an den Meßstellen des Hauptrohres dieselbe Luftmenge fließen muß, wie vorher durch die dazugehörigen Zweige angesaugt wurde.

An der letzten Meßstelle 22 hat sich also bei der Tourenzahl $n = 620$ ein mittleres Vakuum von 30 mm Wassersäule eingestellt und die von dem Exhaustor hierbei durch die Zweigleitung angesaugte gesamte Luftmenge beträgt 378 cbm/Min. Aus diesen Angaben ist man sofort in der Lage, die durch den Versuch gefundene äquivalente Weite der Leitung an dieser Stelle zu ermitteln. Diese beträgt

$$F_{ae\,22} = \frac{378}{240\,\sqrt{30}} = 0{,}2880 \text{ qm.}$$

Bestimmt man den freien Rohrquerschnitt an der Stelle 22, so ist $F_{r22} = 0{,}2818$ qm, woraus folgt, daß der äquivalente

5*

Tabelle IV.   Versuchsergebnisse
Alle Saug-

1.	Meßstelle	*1*	*2*	*3*	*4*	*5*	*6*	*7*	*8*	*9*	*10*
2.	φ des Rohres	170	170	149	120	179	198	348	362	180	149
3.	bei n=500	20,8	21,2	17,48	7,73	17,42	24,9	85,3	85,4	24,8	17,5
	Q n=600	26,3	25,6	21,5	9,63	21,25	30,4	105,6	106,5	28,7	21,66
	bei n=720	31,2	32	24,2	11,33	25,2	36,5	126,2	129	34,5	23,45
4.	bei n=500	8,2	1,38	2	1,6	1	3,95	8,95	10,52	2,75	3,57
	$H_{Vac.}$ n=600	9,6	2,78	1,4	2,39	1,4	5	10,6	14,2	3,4	2,81
	bei n=720	14,45	2,58	2,77	2,97	2,18	7,73	16,9	20,18	6,8	10,2
5.		25,8	26,3	21,5	9,6	21,6	30,9	106	106	30,8	21,7
	Q reduz. auf n=620	27,2	26,5	22,2	9,9	22	31,4	109	110	29,6	22,4
		26,9	27,6	20,8	9,8	21,7	31,5	109	111	29,7	20,3
6.		12,6	2,1	3	2,5	1,5	6	13,7	16,2	4,2	5,5
	$H_{Vac.}$ reduz. auf n=620	10,3	3	1,5	2,7	1,5	5,3	11,3	15,1	3,6	3
		10,6	1,9	2,1	2,2	1,6	5,7	12,5	15	5	7,5
7.	Q wahrsch.	27	27	22	10	22	32	108	108	29	20
8.	n = 620 $H_{Vac.}$ mitte	11	2	2	2	1	6	12	15	4	5

Querschnitt sogar noch um einige Prozent größer ist wie
dieser. — Man hat also das interessante Ergebnis, daß die
ganze Zweigrohrleitung nicht einmal denjenigen Widerstand
aufweist, welchen bei gleicher Menge ihr größter Rohrquerschnitt allein schon als Austrittswiderstand besitzt: ein Resultat, das man nicht ohne weiteres erwartet. Vgl. Abschn. 15.

Es ist nun von Interesse, neben diese gemessenen Werte
diejenigen zu stellen, welche sich auf Grund der oben dargelegten Rechnungsweise ergeben. — Eine Saugeleitung ist,
wie schon erwähnt, wegen der Injektorwirkung nicht von
vornherein dynamisch bestimmbar; sie ist es nur dann, wenn
die Querschnitte an den Zweigstellen gleiche Zusammenfluß-
geschwindigkeiten erzeugen. Setzt man einstweilen voraus,
daß diese Bedingung überall erfüllt sei, so ist, indem man die
Unterdruckleitung sinngemäß wie eine Überdruckleitung behandelt, zunächst ein angenähertes Bild der tatsächlichen

an der Zweigrohrleitung.
stellen sind offen.

11	12	13	14	15	16	17	18	19	20	21	22
402	300	151	157	505	179	515	149	118	596	598	599
124,5	77,6	19,43	20,95	246,5	29,35	282	21,6	13,2	314	316	310
150	91,8	23	24,8	289	33,8	328	25,4	15,1	368	371	373,5
180	110,3	26,95	28,55	345	41	384	30,1	18,3	445	450	448
10,6	1,6	2,6	3,57	10,12	3,36	11	5,5	4,55	12,92	22	19,4
15,25	3,4	2,21	5,01	16,41	5	16,36	4,96	8,11	18,5	31,9	29,25
20,6	5 4	5,4	9	21	7,8	22	8	9,4	27,4	42,2	39,8
154	96	24,1	26	306	36,4	350	26,8	16,3	390	392	384
155	95	23,8	25,6	298	34,9	339	26,2	15,6	380	383	386
155	95	23,2	24,6	297	35,3	330	25,9	15,7	383	387	386
16,3	2,5	4	5,5	15,6	5,2	17	8,5	7	20	33,7	30
16,3	3,6	2,3	5,4	17,5	5,3	17,5	5,3	8,7	19,8	34	31,3
15,2	4	4	6,7	15,6	5,8	16,3	5,9	7	20,3	31,3	29,5
157	96	24	25	302	36	338	26	15	378	378	378
16	3	3	6	16	5	17	7	8	20	33?	30

Strömungsvorgänge zu erwarten, das um so mehr der Wirklichkeit entspricht, je weniger sich die berechneten Ströme
einander stören. — In der umstehenden Strangzeichnung
Fig. 40, in welcher nur schematisch die Mittellinien der einzelnen Röhren gezeichnet sind, sind nun die Ergebnisse der
unter der obigen Voraussetzung angestellten Berechnung eingetragen. Der Übersicht wegen ist an jedem Strang der
Durchmesser in abgerundeter Zahl, ferner dessen gestreckte
Länge und ein Längenzuschlag = $10 \cdot D$ für je einen Krümmer angegeben.

In der Annahme, daß man über einen Rohratlas verfügt,
der sämtliche hier vorkommende Durchmesser enthält, ist es
leicht, für jedes Rohr die entsprechende äquivalente Weite
zu finden, die man zweckmäßig in der Nähe der Einmündungsstelle einschreibt. Beginnt man mit dem am weitesten ab-
gelegenen Rohr von 170 mm Durchm., so findet man in dem

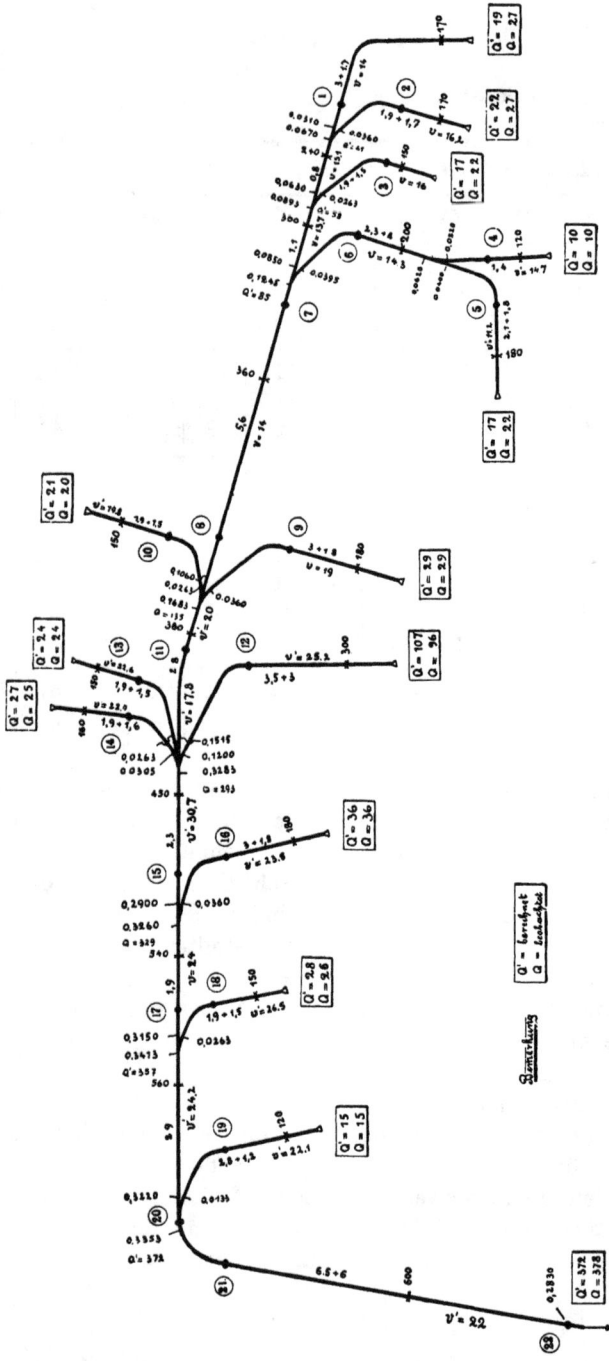

Schematische Strangzeichnung I zur Versuchsrohrleitung.

Fig. 40.

Rohratlas bei einer äquivalenten Länge von $3 + 1,7 = 4,7$ m eine gleichwertige Weite von 0,0310 qm. Bei der Ablesung ist zu beachten, daß man wegen des Saugetrichters die Eintrittskontraktion vernachlässigen kann, was sinngemäß für die unterlegte Druckleitung einem unendlich großen F_a entspricht; es ist deshalb von 4,7 m senkrecht bis zur punktierten Linie und von da horizontal zur gesuchten Weite 0,0310 qm zu gehen. Hat man in gleicher Weise für das parallellaufende Rohr, das hier gleichfalls 170 mm Durchm. hat, die Weite 0,0360 qm gefunden, so ist jetzt deren Summe von 0,0670 qm die scheinbare Mündung des Rohres von 240 mm Durchm. Bei dessen Länge von 0,8 m ergibt sich hieraus eine Weite von 0,0630 qm, welche gefunden wird, indem man aus Länge und Mündung als Koordinaten den zugehörigen Punkt bestimmt und, den Rohrkurven folgend, die äquivalente Weite abliest. — Bei einiger Übung hat man innerhalb kurzer Zeit sämtliche äquivalente Querschnitte bestimmt, welche zur Berechnung nötig sind. In genannte Strangzeichnung wurden die so gefundenen Werte eingeschrieben, und man findet, daß die berechnete äquivalente Weite an dem Meßpunkt 22 beträgt:

$$F_{a_{(22}}{}' = 0,2830 \text{ qm}$$

gegenüber der obigen durch den Versuch bestimmten

$$F_{u_{(22}} = 0,2880 \text{ qm}.$$

Legt man nun an der Meßstelle 22 einen Unterdruck von 30 mm zugrunde, so findet man hier ein theoretisches Gesamtluftvolumen von

$$Q_{22}{}' = 240 \cdot 0,2830 \, \overline{\sqrt{30}} = 372 \text{ cbm/Min.}$$

An der nächsten Verteilungsstelle wird sich dieses Quantum wie bekannt, im Verhältnis der äquivalenten Weiten teilen, und an der Meßstelle 19 werden vorbeifließen

$$Q_{19}{}' = \frac{372 \cdot 0,0133}{0,3353} \cong 15 \text{ cbm/Min.}$$

So fortfahrend ergeben sich sämtliche theoretische Liefermengen, die der Übersicht wegen mit den Versuchswerten an jedem Ast in die Strangzeichnung Fig. 40 eingeschrieben sind.

Ein Überblick zeigt, daß unter den 13 Saugestellen die wirklichen Luftmengen von 8 Saugestellen, nämlich diejenigen der Meßpunkte 4, 9, 10, 13, 14, 16, 18 und 19, für die Praxis ganz befriedigend mit den errechneten Liefermengen übereinstimmen. — An den übrigen Meßstellen zeigen sich dagegen Unterschiede, und zwar ist beachtenswert, daß die Differenzen im allgemeinen um so größer werden, je weiter die Saugstellen von dem Exhaustor entfernt liegen. Berücksichtigt man, daß bei denjenigen Zweigröhren, die näher der Stelle 22 sind, die wirklichen Mengen manchmal unterhalb den berechneten bleiben, bei denjenigen, die weiter abliegen, aber das Umgekehrte eintritt, so erkennt man hierin leicht die gegenseitige Beeinflussung der Rohrströmung: Wie die berechnete Geschwindigkeit z. B. an der Einmündungsstelle des 300 mm starken Rohres zeigt, würde sich ohne Injektorwirkung der Hauptstrom mit 17,8 m/Sek. bewegen, während der einmündende Zweigstrom die weit höhere Rohrgeschwindigkeit von 25,2 m/Sek. besitzt. Da der Querschnitt der Einmündungsstelle aber jeweils derselbe ist wie derjenige des dazugehörigen Rohrstranges und nicht, wie die Voraussetzung verlangt, proportional der entsprechenden äquivalenten Weite, so müssen die mit verschiedenen Geschwindigkeiten behafteten Luftsäulen aufeinander prallen, woraus folgt, daß der Hauptstrom beschleunigt wird auf Kosten des Nebenstromes, wie die Beobachtung auch richtig zeigt. Die Mengen des 300 mm weiten Rohres werden auf diese Weise um ca. 10 % verringert, und zwar mehr wie die aller anderen Rohre; der Grund hierfür ist leicht einzusehen, da naturgemäß die raschlaufende starke Luftsäule durch Energieabgabe im Verhältnis am meisten zur Beschleunigung der langsamlaufenden beiträgt.

Man könnte nun unter Berücksichtigung der Injektorwirkung eine nochmalige rechnerische Behandlung vornehmen, welche dann vielleicht eine vollkommene Übereinstimmung mit den Beobachtungen ergeben würde; mit Rücksicht auf eine derartige sehr mühevolle Arbeit soll indessen hiervon abgesehen werden.

Zum Schlusse möge noch ein Versuch wiedergegeben werden, den der Verfasser an der abgeänderten obigen Zweigleitung vorgenommen hat, der die soeben geschilderten Verhältnisse noch klarer veranschaulicht und der ferner mit Rücksicht auf eine merkwürdige Druckverteilung interessant ist:
Die auf der Strangzeichnung Fig. 41 punktiert angegebenen Zweige wurden jeweils an ihren Ansaugemündungen
luftdicht verschlossen und dann ein Versuch in derselben
Weise durchgeführt wie oben beschrieben. Bei einer Drehzahl
des Exhaustors von $n = 660$ wurden die in der Tabelle V
zusammengestellten Ablesungen ermittelt, die mit den berechneten Werten in die Strangzeichnung eingetragen sind. —
Wie man erkennt, tritt hier die Injektorwirkung weit deutlicher hervor wie oben: sämtliche Rohre, vom Exhaustor ab
gerechnet, bis zur Mitte leisten gegenüber früher weniger wie
berechnet, diejenigen am Ende dagegen zum Teil bedeutend
mehr, und zwar bis zu 42%. — Betrachtet man die Geschwindigkeiten, so müßte rechnerisch der in der Nähe der Meßstelle 11 (vgl. die Maßzeichnung) von rechts kommende Strom
mit einer solchen von ca. 12 m/Sek. fließen. Die Luftströme,
die an derselben Stelle durch die Zweigleitungen hinzukommen,
haben dagegen Geschwindigkeiten bis zu 34,7 m/Sek. und
ziehen daher stärker wie früher jene langsamere Luftsäule
mit sich fort.

Tabelle V.
Versuchsergebnisse an der Zweigrohrleitung.
Mehrere Saugstellen sind geschlossen. $n = 660$.

1.	Meßstelle	1	2	3	4	5	6	7	8	9	10	11
2.	φ des Rohres	170	170	—	120	—	198	348	362	—	—	402
3.	Q	44,6	46,7	—	23,2	—	23,1	122,5	114,5	—	—	116
4.	$H_{Vac.}$	32	6,35	—	9,12	—	54,15	48	50,2	—	—	54

1.	Meßstelle	12	13	14	15	16	17	18	19	20	21	22
2.	φ des Rohres	300	151	157	505	—	545	149	118	596	598	599
3.	Q	118,9	31,1	32,4	304	—	306,5	30,9	18,15	348	358	360
4.	$H_{Vac.}$	8,6	6	8,6	36,4	—	39	7,4	9	39,2	49,8	45,8

Schematische Strangzeichnung II zur Versuchsrohrleitung.

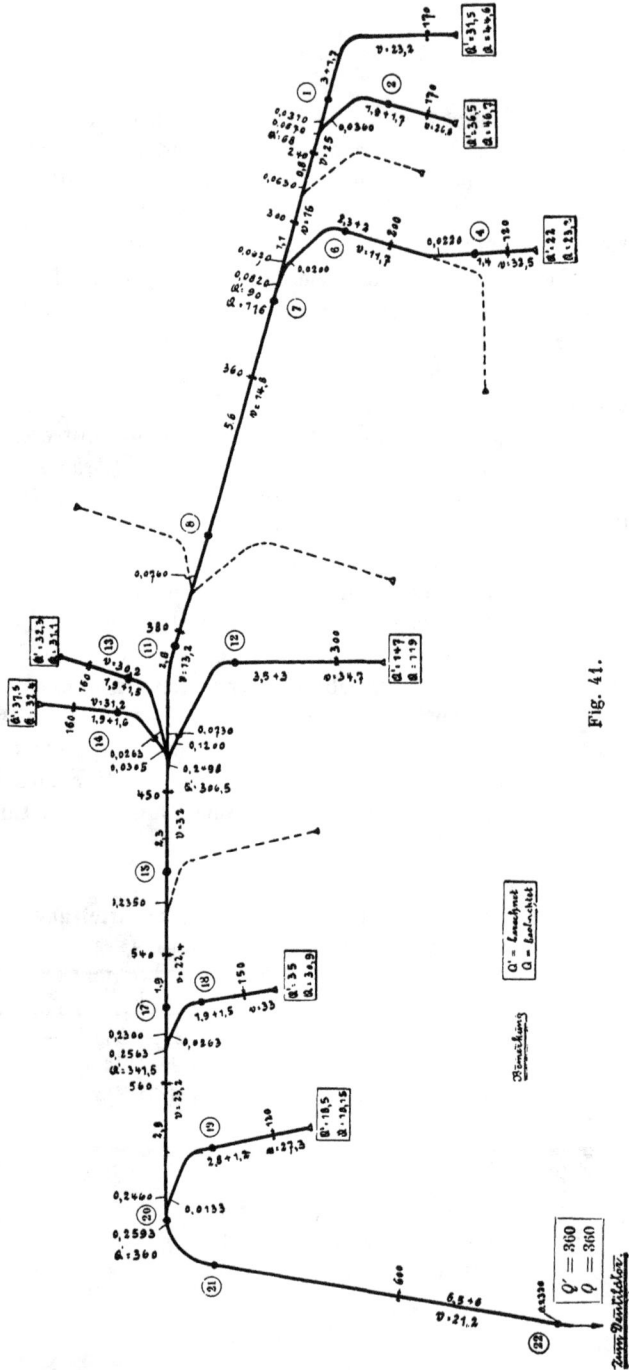

Fig. 44.

Infolge dieses bedeutenden Zuges, den namentlich der Zweigstrom 12 auf den Hauptstrom ausübt, tritt nun die äußerst merkwürdige Erscheinung auf, daß an den Meßstellen 11 und 6, aber auch an 7 und 8 (vgl. Tabelle V) höhere Unterdrücke vorkommen als selbst an der Stelle 22 unmittelbar vor dem Exhaustor, wo doch sonst immer der maximale Unterdruck auftritt.

Bei der Untersuchung derartiger Rohrleitungen, ohne Zuhilfenahme der hier benutzten einfachen Berechnung, könnte man leicht geneigt sein, die gefundenen Versuchsresultate ob ihrer Richtigkeit anzuzweifeln, da diese scheinbar der Erfahrung zuwiderlaufen. — Es besteht indessen nicht der geringste Zweifel, daß die Ablesungen, in den praktischen Grenzen, als genau zu betrachten sind und es erscheint wohl berechtigt, die abnormalen Vorgänge, wenigstens zum größten Teil, auf die Injektorwirkung der einzelnen Zweigströme zurückzuführen.

8. Die Berechnung von Leitungssystemen mit beliebigen, insbesondere rechteckigen Querschnitten.

In den vorhergehenden Abschnitten waren die Betrachtungen namentlich auf Leitungen mit kreisrunden Querschnitten gerichtet, welche Form man praktisch bei Blechröhren u. dergl. fast immer wählt, und zwar aus Gründen der Herstellung, der Festigkeit, der Billigkeit usw. Manchmal kommt bei Röhren aus Blech auch der elliptische oder der rechteckige Querschnitt vor, und zwar dann, wenn dieser in bestimmter Richtung ein gewisses Maß nicht überschreiten soll. Bei Leitungen und Leitungssystemen jedoch, welche aus Mauerwerk jeglicher Art gebildet sind, wird wegen der leichteren Herstellung besonders der rechteckige Querschnitt bevorzugt, z. B. bei Lüftungs- und Luftheizungsanlagen innerhalb der Gebäude etc.

Wegen der Bedeutung, welche die gemauerten Kanäle, und hierzu können unter anderem auch die Grubenbaue von Bergwerken gerechnet werden, besitzen, sei in diesem Abschnitt auf das Prinzip der Berechnung in kurzem eingegangen.

Es ist zunächst leicht einzusehen, daß ein Leitungssystem, das aus Elementen mit den verschiedenartigsten Querschnitten zusammengesetzt ist, der Berechnung weitaus größere Mühe macht wie ein solches, das gleichgeartete Formen aufweist. Sind jedoch die Querschnitte einander annähernd oder genau ähnlich, so wird man im nachfolgenden finden, daß die Behandlung in fast derselben Weise erfolgen kann wie bei kreisrunder Form der Leitungen.

Bei der Betrachtung der hauptsächlichsten Versuchsergebnisse wurde der reine Leitungsverlust H_r, welchen eine beliebige Leitung von der Länge l, dem Umfang U und dem Querschnitt F verursacht, dargestellt durch die Gleichung

$$H_r = c\,\frac{U}{F}\,l\,\frac{\gamma v^2}{2\,g},$$

welche in dem speziellen Falle, daß ein kreisrundes Rohr vorliegt, übergeht in

$$H_r = c\,\frac{4\,l}{D}\,\frac{\gamma v^2}{2\,g},$$

wobei früher an Stelle von $4\,c$ der bekannte Koeffizient λ gesetzt wurde. — Ist die Druckhöhe H_r bezüglich des Querschnittes tatsächlich nur abhängig von dem Quotient $\frac{U}{F}$, wie auch sonst U und F für sich beschaffen sein mögen, was zwar in den extremsten Fällen nicht, bei den praktisch üblichen Verhältnissen aber doch annähernd zutrifft, und ist ferner der Wert von c auch nur eine Funktion dieses Quotienten, so kann man eine Leitung beliebigen Querschnittes stets mit einer solchen von kreisrunder Form vergleichen, welche bei gleicher Länge und gleicher Geschwindigkeit denselben Druckhöhenverlust aufweist. Der Durchmesser dieser zugeordneten Leitung, deren Werte den Index z erhalten mögen, läßt sich aus den beiden obigen Gleichungen unschwer ermitteln und er ist, wie aus dem Vergleich hervorgeht,

$$D_z = \frac{4\,F}{U}.$$

Diese zugeordnete Leitung mit Kreisquerschnitt steht nun in einem interessanten Verhältnis zur gegebenen Leitung, und zwar mit Rücksicht auf deren äquivalente Weiten. — Bestimmt man in der früheren Weise die gleichwertige Weite der Leitung mit den Querschnittsgrößen U und F, so ist, wenn man in die Gleichung

$$H_r = c\,\frac{U}{F}\,l\,\frac{\gamma v^2}{2\,g} = c\,\frac{U}{F}\,l\left(\frac{v}{4}\right)^2$$

für v den Wert Q aus der Beziehung $Q = 60 \cdot F \cdot v$ substituiert:

$$H_r = c \, \frac{U}{F} \, l \, \frac{Q^2}{240^2 \, F^2}.$$

Vergleicht man diese Beziehung mit dem Ausdruck für die äquivalente Weite

$$H_r = \frac{Q^2}{240^2 \, F_{ae}^2},$$

so findet man als gleichwertige Weite des vorgelegten Kanals

$$F_{ae} = F \sqrt{\frac{F}{c \, U \, l}}.$$

Setzt man nun an Stelle von $\frac{F}{U}$ unter dem Wurzelzeichen den Wert von D_z, ferner für $4\,c$ das Zeichen λ, so wird zunächst

$$F_{ae} = F \sqrt{\frac{D_z}{\lambda l}},$$

woraus durch Multiplikation und Division mit $F_z = D_z^2 \, \frac{\pi}{4}$

$$F_{ae} = \frac{F}{F_z} \, F_z \sqrt{\frac{D_z}{\lambda l}}.$$

Nach Früherem ist aber der äquivalente Querschnitt des zugeordneten Rohres

$$F_{ae\,z} = F_z \sqrt{\frac{D_z}{\lambda l}}.$$

Hieraus folgt also

$$F_{ae} = \frac{F}{F_z} \, F_{ae\,z}$$

oder

$$\frac{F_{ae}}{F_{ae\,z}} = \frac{F}{F_z},$$

was auch geschrieben werden kann

$$\frac{F_{ae}}{F_{ae\,z}} = \frac{U}{D_z \, \pi},$$

sofern man mit Hilfe der Durchmessergleichung den Umfang einführt.

Man hat also hiermit die interessante Tatsache, daß die äquivalente Weite einer beliebig in ihren Querschnittsdimen-

sionen gegebenen Leitung sich zu derjenigen ihrer „zugeordneten Leitung" verhält, wie sich der Querschnitt oder der
Umfang der ersteren zu dem Querschnitt oder dem Umfang
der letzteren verhält.

Dieses Resultat gestattet nun, die Berechnung von Leitungen irgendwelcher Querschnittsform in einfacher Weise
durchzuführen, und zwar mit Hilfe des Rohratlasses, der bei
Kreisform die äquivalente Weite sofort abzulesen gestattet,
woraus dann die gleichwertige Weite der vorgelegten Leitung
durch Multiplikation mit dem Verhältnis der Querschnitte
oder auch der Umfänge sofort gefunden ist.

Um ein Beispiel zu wählen, sei der Wert F_{ae} für einen
rechteckigen Kanal von 20 m Länge zu bestimmen, dessen
Querschnittsdimensionen $0{,}3 \cdot 0{,}15$ m sind; die Ein- und
Austrittsverluste seien hierbei verschwindend klein.

Der zugeordnete Rohrdurchmesser ist

$$D_z = \frac{4\,F}{U} = \frac{4 \cdot 0{,}3 \cdot 0{,}15}{0{,}9} = 0{,}200 \text{ m,}$$

welchem bei einer Länge von 20 m nach dem Rohratlas eine
gleichwertige Weite entspricht von

$$F_{ae\,z} = 0{,}02337 \text{ qm.}$$

Das Verhältnis der Umfänge (oder auch der Quer-
schnitte) ist $= \dfrac{0{,}9}{0{,}63} = 1{,}43$ und mithin der gesuchte Wert

$$F_{ae} = 1{,}43 \cdot 0{,}02337 = 0{,}0335 \text{ qm.}$$

Es ist ohne weiteres klar, daß sich dieselbe Größe auch
aus der obigen Beziehung

$$F_{ae} = F \sqrt{\frac{F}{c\,U\,l}} = 0{,}045 \sqrt{\frac{0{,}045}{0{,}0045 \cdot 0{,}9 \cdot 20}} = 0{,}0335 \text{ qm}$$

finden läßt, worin für $c = \dfrac{\lambda}{4}$ zu setzen ist und λ der Voraussetzung zufolge dem Durchmesser $D_z = 200$ mm zu ent-
sprechen hat, d. h. es muß $\lambda = 0{,}01800$ gesetzt werden.

Von besonderem Wert ist die soeben aufgestellte Gesetzmäßigkeit, wenn es gilt, ein gegebenes System von Zweig-

kanälen zu berechnen. Sind die Querschnitte allerdings in
Form und Dimension vollkommen willkürlich, so bleibt nur
übrig, um die resultierende äquivalente Weite zu finden, die
festgestellten Teiläquivalenzen graphisch oder rechnerisch zusammenzusetzen. Handelt es sich aber um gleichgeartete
Leitungen, z. B. rechteckige Kanäle mit gleichen oder annähernd gleichen Höhen- und Breitenverhältnissen, wie es in
der Praxis meistens eingehalten wird, bzw. eingehalten werden
kann, so darf das gesamte Zweigsystem zunächst wie ein
solches aus kreisrunden Rohren von je dem Durchmesser D_z,
wie bekannt, mit dem Rohratlas behandelt werden. Die den
D_z entsprechenden Äquivalenzen $F_{ue\,z}$ sind dann nur mit dem
überall konstanten Verhältnis $\dfrac{F}{D_z^2 \dfrac{\pi}{4}}$ oder, was dasselbe ist,
mit $\dfrac{U}{D_z \pi}$ zu multiplizieren, um die wirklichen gleichwertigen
Weiten zu erhalten, woraus sich dann bei gegebener Anfangspressung die Mengen, die Geschwindigkeiten, die Drücke etc.
zwanglos bestimmen lassen.

    In folgender Fig. 42 ist als Beispiel eine einfache Ver-
zweigung dargestellt, unter der Voraussetzung, daß die Kanäle
von rechteckiger Form sind und daß sich ihre Höhen zu
ihren Breiten überall wie 1 : 3 verhalten.

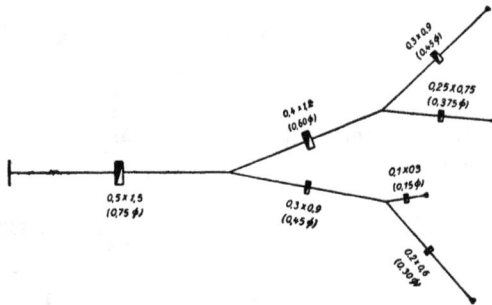

Fig. 42.

Es sind hier die den einzelnen Kanälen zugeordneten
Rohrdurchmesser nach der Gleichung $D_z = \dfrac{4\,F}{U}$ bestimmt,
welche der Übersicht wegen unter die Querschnittsdimensionen

eingetragen sind. Nach der in den obigen Abschnitten dargelegten Methode hat man jetzt nur die äquivalenten Weiten
der Verzweigung mit Hilfe des Rohratlasses zu bestimmen
und erhält dann die entsprechenden Weiten für die Kanalver-
zweigung durch Multiplikation jener Werte mit $\dfrac{U}{D_s\,\pi} = 1{,}7$.

Sind in einem besonderen Falle noch Austritts- oder
Kontraktionsverluste zu berücksichtigen, so ist es zweckdienlich, die diesen entsprechenden Öffnungen zunächst durch
Division mit $\dfrac{U}{D_s\,\pi}$ auf die kreisrunden Querschnitte der zugeordneten Leitung zu beziehen, worauf dann wie früher sämtliche äquivalenten Weiten leicht gefunden werden können.

---

9. Zur Theorie der Grubenwetterführung.

Die Verzweigung von Luftströmen hat eine große Bedeutung bei der Bewetterung von Bergwerken. Man hat bis jetzt diesem sehr wichtigen Gebiete der Belüftung so gut wie keine theoretische Behandlung zuteil werden lassen, wenigstens aus den bisher erfolgten Veröffentlichungen zu schließen, obgleich eine richtige Erkenntnis der bei der Luftführung herrschenden Gesetze von größtem Einfluß auf die namentlich aus Menschlichkeitsrücksichten zu verlangende günstigste Wetterwirtschaft sein würde.

Da die Strömung in Kanälen nirgends eine größere Lebensfrage bildet wie in Bergwerken, besonders in Kohlengruben, in denen die Luft mit ihren schädlichen Beimengungen so verderblichen Einfluß auf Leben und Gesundheit ausübt, sei hier in Kürze auf die Theorie der Wetterführung eingegangen, deren weitere Behandlung an anderer Stelle vorgesehen ist.

Die in der Grube erforderliche Luft tritt durch den sog. Einziehschacht, zu dem gewöhnlich der Förderschacht verwendet wird, nach einem möglichst tief gelegenen Punkt, um von hier den einzelnen Bauabteilungen zugeführt zu werden, wobei die Querschläge, die Sohlenstrecken, die Abbaubetriebe etc. die natürliche Luftführung bilden. Die verbrauchte Luft, die matten Wetter, werden alsdann in der nächsthöheren Sohle durch die Wetterstrecken gesammelt, dem Hauptquerschlag zugeführt und von diesem auf kürzestem Wege in den Wetterschacht geleitet, von wo sie gewöhnlich durch einen Ventilator nach außen abgesaugt werden. Je nach dem Umfang und dem Abbau einer Grube richtet sich also die Gesamtlänge und die Verteilung des Wetter-

stromes, dessen Teilströme häufig Wege von mehreren Kilo-
metern, bei einigen Zechen der Ruhrgegend sogar 10 000 m
und darüber zurückzulegen haben. — Der ganze meist äußerst
labyrinthische Lauf der Wetter beruht, abgesehen von dem
nicht allzu großen Einfluß des sog. natürlichen Wetterzuges,
einzig und allein auf der Wirkung des Ventilators, der im
Wetterkanal eine verhältnismäßig geringe Depression erzeugt,
die je nach der Grube 100 bis 150 mm Wassersäule, selten
mehr, beträgt. Obgleich die Querschnitte der Strecken im
allgemeinen nicht gering sind, so bieten doch die große Gesamtlänge dieser, die durch die Rauhigkeit der Wandungen bedingten hohen Widerstände, ferner die Ablenkungen und die
sonstigen Einzelwiderstände Gegenkräfte genug, um die Luft-
bespülung von ungünstig gelegenen Örtern teilweise oder fast
ganz zu hemmen.

Für einen klaren Einblick in die Wetterverteilung ist
die Anwendung des Begriffs der äquivalenten Weite von gewissem Nutzen, da hierdurch nicht nur von vornherein die
Luftführung mit einiger Genauigkeit berechnet werden
kann, sondern weil auch in besonderen Fällen Auswege gefunden werden können, die sich auf dem jetzt geübten empirischen Wege nur durch längeres Probieren zeigen.

Nach dem Gesagten handelt es sich also bei der Bewetterung um einen zunächst breiten Hauptluftstrom, der von
bestimmter Stelle ab geteilt wird und dessen Teilströme
ihrerseits wieder eingehende Teilung erfahren, bis verhältnismäßig dünne Luftfäden erreicht sind, die nach und nach wieder
zusammenfließen und den Hauptabluftstrom bilden. Schematisch dargestellt wird es sich um folgendes Stromnetz
(s. Fig. 43) handeln, aus dem unschwer die Bedeutung des
Einziehschachtes, der Querschläge, Sohlenstrecken usw. durch
Vergleich mit irgendeinem Hauptwetterriß hervorgeht. —
Es ist nun die Aufgabe gestellt, die Luftmenge und ihre Verteilung zu berechnen, wenn die Pressungsdifferenz an den
Punkten A und B bekannt ist. Nimmt z. B. die Pressung
von A aus derartig ab, daß in den Schnittpunkten der Linie X
mit dem Netz gleiche Pressung herrscht, so kann man die
rechte Seite, ohne die Verhältnisse links zu stören, durch ein

großes Gefäß, in dem sich jene Pressung befindet, ersetzt denken, und man erhält somit eine Zweigdruckleitung gewöhnlicher Art. Ähnliches gilt auch für die rechte Seite, welche dann eine verzweigte Saugeleitung ist. Ein solches Stromnetz erscheint also als eine hintereinandergeschaltete Druck- und Saugeleitung und könnte hiernach berechnet

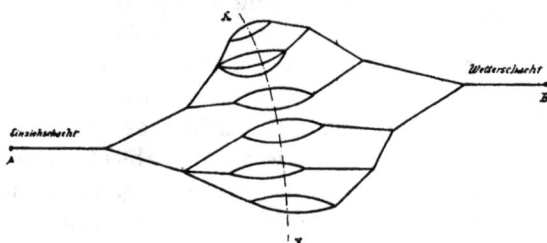

Fig. 43.

werden. — Man kommt jedoch besser zum Ziel, wenn man das Gesamtnetz aus einfachen Verteilungen bestehend betrachtet (Fig. 44), diese für sich berechnet und sämtliche Verteilungen durch Addition bzw. Hintereinanderschaltung

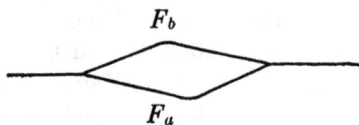

Fig. 44.

sinngemäß zusammensetzt. Hat man die Gesamtweite F_{ae} hiernach gefunden, so ist damit auch Q gefunden, das sich auf die einzelnen parallelen Stränge im Verhältnis der gleichwertigen Werte verteilt, z. B. nach Fig. 44

$$\frac{Q_a}{Q_b} = \frac{F_a}{F_b},$$

da die Anfangs- bzw. Enddrücke als Knotendrücke einander gleich sind.

Mit Hilfe der im vorigen Abschnitt dargelegten Berechnung von Kanälen ist es also nicht schwierig, nach Maßgabe eines vorgelegten Wetterrisses die Luftverteilung mit solcher Genauigkeit festzustellen, daß diese der wetterwirtschaftlichen Praxis durchaus genügt. Kennt man die den wirklichen, meist rechteckigen Querschnitten zugeordneten Kreisquerschnitte, bzw. deren Durchmesser D_z und, wenn nötig, den durch die Erfahrung zu bestimmenden Längenzuschlag der Strecken und Schläge, infolge der etwa besonderen Reibungskoeffizienten (vgl. Abschnitt 12, S. 110), so können durch die Benützung des Rohratlasses unmittelbar sämtliche äquivalenten Weiten des Grubenbaues abgelesen und nach dem vorgelegten Wetterriß zusammengesetzt werden. — Auf diese Weise erhält man bei verhältnismäßig einfacher Rechnung ein anschauliches Bild der Luftverteilung und zugleich die für jede Grube so wichtige Größe der Gesamtweite, welche, wie später dargelegt wird, in engem Zusammenhang mit der günstigsten Wirkung des Ventilators steht.

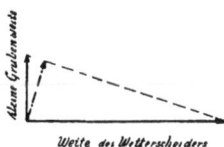

Fig. 45.

Fig. 46.

Um sich den nötigen Überblick zu wahren, erscheint es also wohl zweckdienlich, die oben angestellten Betrachtungen, namentlich was den Begriff der äquivalenten Weiten, deren Parallel- und Hintereinanderschaltung angeht, auf wetterwirtschaftliche Vorgänge anzuwenden; manche Erscheinungen können hierdurch zwanglos ihre Erklärung finden und z. B. die sonst sehr schwierig zu überschauenden Einflüsse von Betriebsveränderungen auf die angrenzenden Wettergebiete und auf das gesamte Netz lassen sich deutlich erkennen. Um ein einfaches Beispiel anzuführen, ist nach Früherem klar, daß e n g e Gruben bei Einschaltung eines Widerstandes, wie er u. a. durch das Auffahren eines Querschlages mittels

Wetterscheiders bedingt wird, fast unbeeinflußt bleiben (vgl. das Weitendiagramm Fig. 45), während weite Gruben durch den gleichen Widerstand sehr merkbar verengt werden können (Fig. 46). Der letztere Fall liegt in der Tat vor bei der Zeche Hibernia, die ein kleines Grubenfeld bei großer Gesamtäquivalenz besitzt. (Vgl. „Die Entwicklung des niederrheinisch-westfälischen Steinkohlenbergbaues" Band VI, S. 434.)

10. Über das Verhalten von Zweigleitungen bei bestimmten Abänderungen.

Im Anschlusse an die theoretischen Betrachtungen über Zweigrohrsysteme sollen noch einige Untersuchungen angestellt werden über Fragen der folgenden Art: Wie ändern sich z. B. bei einer bestimmten Leitung die Liefermengen und damit die Geschwindigkeiten, die Drücke usw., wenn die Beschaffenheit der Oberfläche und damit der Reibungskoeffizient sich verändern; oder wie ist eine gegebene Leitung zu bemessen, damit sie imstande ist, durch bestimmte aber etwa noch in der Länge veränderte Rohrstränge beliebige andere Mengen zu fördern, ohne daß die übrigen Verhältnisse eine Störung erleiden u. dergl. — Derartige Aufgaben treten häufig zur Beantwortung heran, und es hat deshalb nicht nur theoretisches sondern auch praktisches Interesse, die zugrunde liegenden Gesetzmäßigkeiten in kurzem zu verfolgen.

Ändert sich der Reibungskoeffizient, sei es, daß zu den Leitungen einmal ein glatteres, dann ein rauheres Material verwendet wird, oder sei es, daß sich, was häufig vorkommt, Verkrustungen aller Art auf der einst glatten Oberfläche bilden, so ändern sich mit den meisten Größen auch die äquivalenten Weiten. — Nimmt man nun an, daß eine Leitung vorliegt mit unendlich großen Endquerschnitten, wie sie praktisch immer anzustreben sind, so kann man die gesamte äquivalente Weite F_{ae} in folgender Art schreiben:

$$F_{ae} = \left(\sqrt{\frac{D_1}{\lambda_1 \, l_1}} \, D_1{}^2 \frac{\pi}{4} + \sqrt{\frac{D_2}{\lambda_2 \, l_2}} \, D_2{}^2 \frac{\pi}{4} \right) \sim \sqrt{\frac{D_3}{\lambda_3 \, l_3}} \, D_3{}^2 \frac{\pi}{4} + \ldots \quad \text{A)}$$

worin D_1, l_1, etc. nach Fig. 47 je zu einem Strang gehören. Geht nun der Reibungskoeffizient λ prozentual für alle Röhren in gleicher Weise in λ' über, so daß

$$\frac{\lambda_1'}{\lambda_1} = \frac{\lambda_2'}{\lambda_2} = \frac{\lambda_3'}{\lambda_3} = \varepsilon$$

ist, so kann man die Verhältniszahl ε, wie leicht einzusehen,

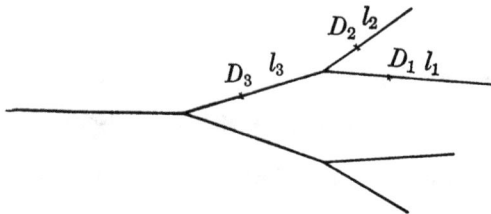

Fig. 47.

als gemeinsamen Faktor voranstellen[1]), und man hat die durch die Veränderung hervorgerufene neue äquivalente Weite

$$F_{ae}' = \frac{1}{\sqrt{\varepsilon}} \left[\left(\sqrt{\frac{D_1}{\lambda_1 l_1}} D_1{}^2 \frac{\pi}{4} + \sqrt{\frac{D_2}{\lambda_2 l_2}} D_2{}^2 \frac{\pi}{4} \right) \infty \sqrt{\frac{D_3}{\lambda_3 l_3}} D_3{}^2 \frac{\pi}{4} + \dots \right]$$

oder

$$F_{ae}' = \frac{F_{ae}}{\sqrt{\varepsilon}},$$

und damit

$$\frac{F_{ae}'}{F_{ae}} = \sqrt{\frac{\lambda}{\lambda'}},$$

d. h. die äquivalenten Weiten verhalten sich umgekehrt wie die Wurzeln aus den Reibungskoeffizienten. Da sich diese

---

[1]) Der Beweis ist einfach: Ist allgemein
$$F_{ae} = F_1 \infty F_2 \infty \dots,$$
so ist auch
$$\varepsilon \cdot F_{ae} = \varepsilon(F_1 \infty F_2 \infty \dots) = \varepsilon F_1 \infty \varepsilon F_2 \infty \dots,$$
weil nach der Definition
$$\frac{1}{\varepsilon^2 F_{ae}{}^2} = \frac{1}{\varepsilon^2 F_1{}^2} + \frac{1}{\varepsilon^2 F_2{}^2} + \dots$$
Um also eine Summe nach dem Zeichen ∞ mit der Größe ε zu vervielfachen, hat man nur jeden Summanden für sich mit ε zu multiplizieren.

Gesetzmäßigkeit nicht nur auf die Gesamtweiten bezieht, sondern auch auf die Weiten der einzelnen Zweige und Röhren, so erhält man das Resultat, weil bei gleichen Anfangsdrücken die Liefermengen proportional den Äquivalenzen sind, daß sich auch verhält

$$\frac{Q'}{Q} = \sqrt{\frac{\lambda}{\lambda'}}.$$

Werden z. B. die Reibungskoeffizienten um 50 % größer, so ist das Lieferungsverhältnis

$$\frac{Q'}{Q} = \sqrt{\frac{100}{150}} = 0,816$$

und es werden also überall um 18,4 % weniger Mengen gefördert wie bei der geringeren Reibung.

Es ist bemerkenswert, daß bei gleichmäßig verändertem λ die Drücke in den Knotenpunkten unveränderlich sind; aus dem obigen Mengenverhältnis findet man durch Quadrieren

$$Q'^2 \lambda' = Q^2 \lambda$$

oder auch, da die Durchmesser die gleichen sind,

$$v'^2 \lambda' = v^2 \lambda.$$

Setzt man diese Beziehung in die Gleichung für die Reibungsdruckhöhen

$$H_r = \lambda \frac{l}{D} \frac{\gamma v^2}{2g} = \frac{l}{D} \frac{\gamma}{2g} v^2 \lambda$$

ein, so erkennt man, daß die Druckverluste H_r und damit auch die Pressungen in den einander entsprechenden Punkten stets dieselben bleiben.

Zu ganz gleichen Ergebnissen gelangt man, wenn man an Stelle der veränderlichen Reibungskoeffizienten eine diesen gleichwertige Längenveränderung setzt, entsprechend

$$\lambda l = \lambda' l',$$

da dieses Produkt in der Hauptgleichung A) stets geschlossen auftritt. Zur Veranschaulichung dieser Verhältnisse ist in Fig. 48 eine beliebige Leitung dargestellt, welche mittels des Rohratlasses berechnet ist; desgleichen eine Leitung in Fig. 49,

I. Gleichmäßige Änderung der Rohrlängen bei gleichbleibenden Rohrdurchmessern.

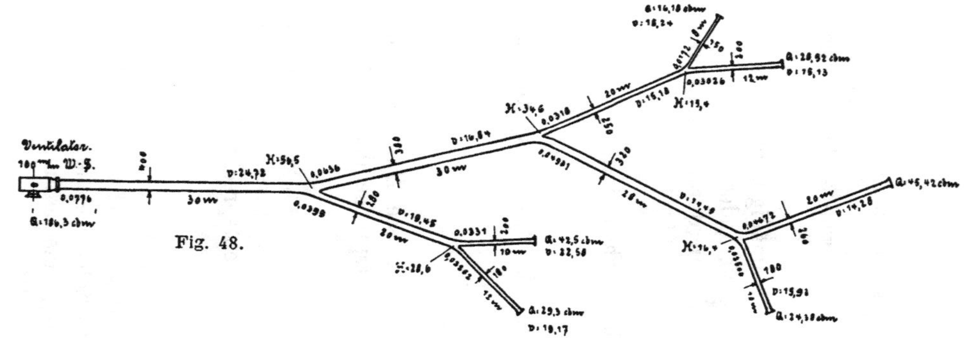

Fig. 48.

Fig. 49.

(Werden die Rohrlängen gleichmäßig geändert, während die Rohrdurchmesser gleich bleiben, dann ändert sich die Druckverteilung nicht: an entsprechenden Punkten der beiden Rohrleitungen besteht der gleiche Druck. Aus $Q = 240\, F_{ae}\sqrt{H}$ folgt dann $\dfrac{Q'}{Q} = \dfrac{F_{ae}'}{F_{ae}}$, ferner $\dfrac{F_{ae}'}{F_{ae}} = \sqrt{\dfrac{l}{l'}}$. Vorliegendes Beispiel zeigt die Anwendung dieser Formeln bei einer Verlängerung um $50\,^0/_0$, welcher eine Verminderung der Liefermengen um $18,4\,^0/_0$ entspricht.)

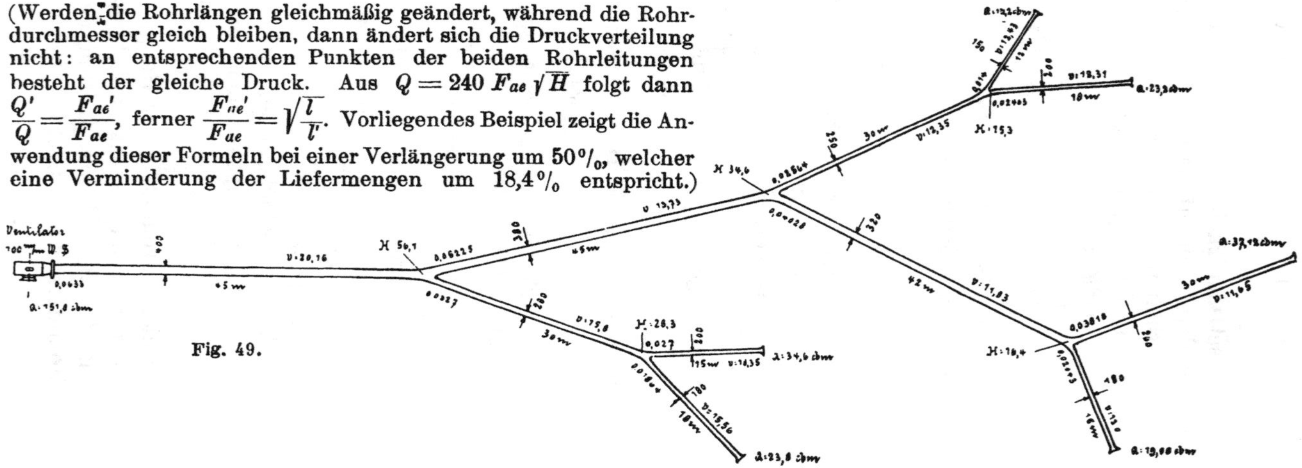

welche bei gleichen Durchmessern überall um 50 % länger ist wie jene, entsprechend einem gleich höheren Reibungskoeffizienten bei den ursprünglichen Längen. Wie man aus der unabhängigen Berechnung findet, verhalten sich die Mengen unter Berücksichtigung der Genauigkeit der Ablesungen wie $\sqrt{\dfrac{100}{150}}$, während die Drücke in den Knotenpunkten gleich bleiben.

Es liegt nun die Frage nahe: Wie ändern sich die Verhältnisse bei einer Leitung, wenn nicht die Rohrlängen, sondern die Rohrdurchmesser gleichmäßig vergrößert oder verkleinert werden? — Zur Lösung dieser für praktische Zwecke nicht unwichtigen Aufgabe kann man wie oben verfahren und wieder die Gleichung A) benutzen, unter der Voraussetzung, daß an den Endpunkten der Leitung die Querschnitte unendlich groß sind. Werden mit D die Durchmesser der gegebenen Leitung bezeichnet, mit D' diejenigen der veränderten, so hat man nach der Voraussetzung

$$\frac{D_1'}{D_1} = \frac{D_2'}{D_2} = \frac{D_3'}{D_3} \text{ etc.} = \delta.$$

Da sich die Durchmesser ändern, ändern sich auch die Reibungskoeffizienten λ, zwar nach bestimmtem, aber nicht mehr proportionalem Gesetze. Schreibt man nun

$$\frac{\lambda_1'}{\lambda_1} = \varepsilon_1 \quad \frac{\lambda_2'}{\lambda_2} = \varepsilon_2 \quad \frac{\lambda_3'}{\lambda_3} = \varepsilon_3 \text{ etc.,}$$

so kann man für

$$F_{ae'} = \left(\sqrt{\frac{D_1'}{\lambda_1' l_1}} D_1'^2 \frac{\pi}{4} + \sqrt{\frac{D_2'}{\lambda_2' l_2}} D_2'^2 \frac{\pi}{4} \right) \sim \sqrt{\frac{D_3'}{\lambda_3' l_3}} D_3'^2 \frac{\pi}{4} + \cdots$$

schreiben:

$$F_{ae'} = \left(\sqrt{\frac{\delta D_1}{\varepsilon_1 \lambda_1 l_1}} \delta^2 D_1^2 \frac{\pi}{4} + \sqrt{\frac{\delta D_2}{\varepsilon_2 \lambda_2 l_2}} \delta^2 D_2^2 \frac{\pi}{4} \right) \sim \sqrt{\frac{\delta D_3}{\varepsilon_3 \lambda_3 l_3}} \delta^2 D_3^2 \frac{\pi}{4}.$$

Sind nun ε_1, ε_2 etc. nicht sehr voneinander verschieden, was um so mehr zutrifft, je geringer die Durchmesserveränderung ist, so kann man unter ε einen passenden Mittelwert verstehen, der sich zusammen mit $\delta^2 \sqrt{\delta}$ vor den Ausdruck bringen läßt, so daß man unter Berücksichtigung des Wertes von F_{ae} erhält

$$F_{ae}' = \frac{\delta^2 \sqrt{\delta}}{\sqrt{\varepsilon}} \, F_{ae}.$$

Ist in beiden Fällen der gleiche Anfangsdruck gegeben, so werden sich auch die Quanten verhalten wie

$$\frac{Q'}{Q} = \frac{\delta^{5/2}}{\varepsilon^{1/2}}$$

oder

$$\frac{Q'}{Q} = \left(\frac{\lambda}{\lambda'}\right)^{1/2} \left(\frac{D'}{D}\right)^{5/2} \quad \dots\dots\dots \text{ B}).$$

Auch hier ist bemerkenswert, daß, wie oben, die Drücke an entsprechenden Stellen, also auch an den Knotenpunkten, dieselben sind. Schreibt man den Reibungsverlust

$$H_r = k \, \frac{\lambda \, l \, Q^2}{D^5}$$

wo die Geschwindigkeit durch das Quantum ausgedrückt ist, so hat man

$$\frac{Q \, \lambda^{1/2}}{D^{5/2}} = k_1 \sqrt{H_r}.$$

Da diese linke Seite nach Gl. B) unveränderlich ist, so ändert sich auch nicht H_r, und damit bleiben die Drücke an entsprechenden Punkten die gleichen. — Werden als Beispiel an einer Leitung die Durchmesser um 25 % vergrößert und ist für $\varepsilon = \frac{\lambda'}{\lambda} = 0{,}94$ zu setzen, so vergrößern sich die Liefermengen um 80 %. — In den Fig. 50 und 51 ist eine Kontrolle mittels der Rohrkurven vorgenommen worden, die gute Übereinstimmung mit den theoretischen Ausführungen zeigt.

Die soeben gefundene Erkenntnis, daß sich bei Durchmesserveränderungen die Mengen verhalten:

$$\frac{Q'}{Q} = \left(\frac{\lambda}{\lambda'}\right)^{1/2} \left(\frac{D'}{D}\right)^{5/2},$$

während die Drücke an den Knotenpunkten dieselben bleiben, läßt sich mit Erfolg in allen solchen Fällen anwenden, wo es gilt, eine bestehende Rohrleitung so zu verändern, daß durch

(Fortsetzung S. 96)

II. Gleichmäßige Änderung der Rohrdurchmesser bei gleichbleibenden Rohrlängen.

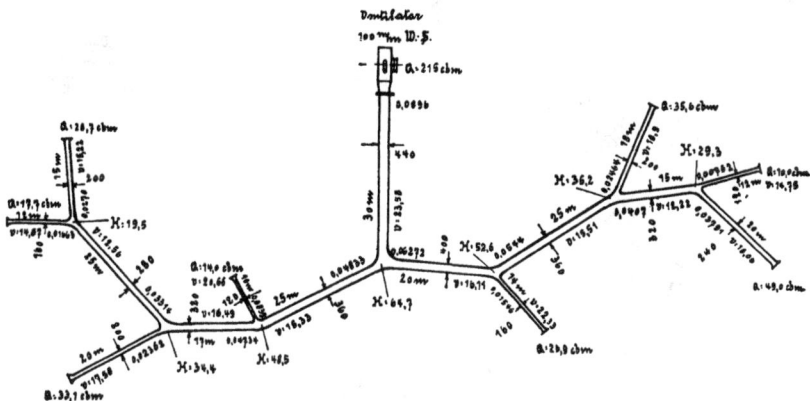

Fig. 50.

(Bei gleicher Druckverteilung ist $\dfrac{Q'}{Q} = \dfrac{F_{ae}'}{F_{ae}} = \left(\dfrac{D'}{D}\right)^{5/2} \left(\dfrac{\lambda}{\lambda'}\right)^{1/2}$. Hiernach bedingt, wenn $\dfrac{\lambda'}{\lambda} = 0{,}94$ (im Mittel), eine Erweiterung der Rohrdurchmesser um $25\,\%$ eine Vermehrung der Liefermengen um $80\,\%$.)

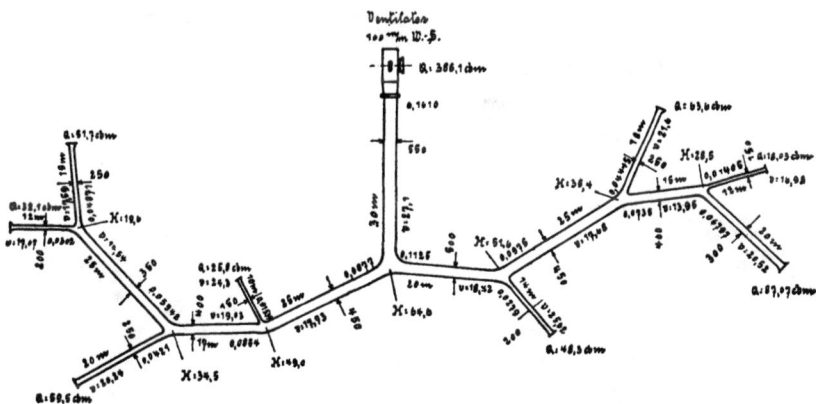

Fig. 51.

III. Abänderung der Rohrdurchmesser für andere Liefermengen.

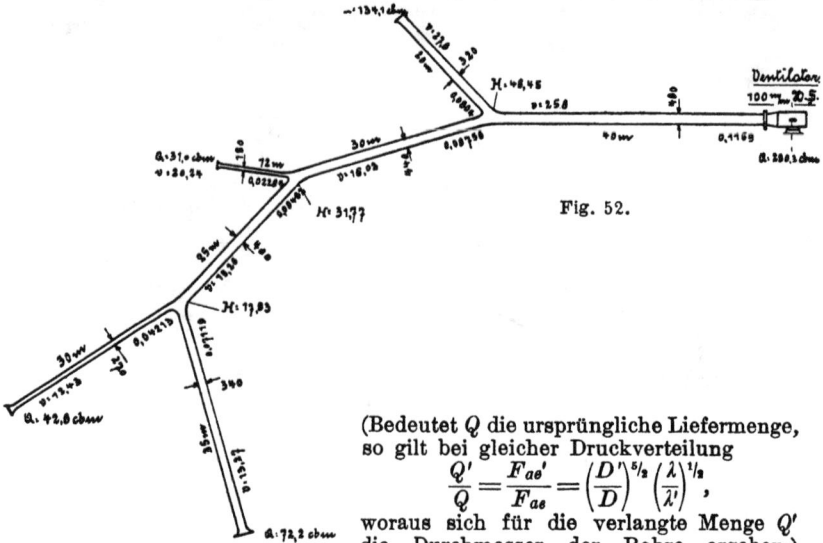

Fig. 52.

(Bedeutet Q die ursprüngliche Liefermenge,
so gilt bei gleicher Druckverteilung

$$\frac{Q'}{Q} = \frac{F_{ae}'}{F_{ae}} = \left(\frac{D'}{D}\right)^{5/2}\left(\frac{\lambda}{\lambda'}\right)^{1/2},$$

woraus sich für die verlangte Menge Q'
die Durchmesser der Rohre ergeben.)

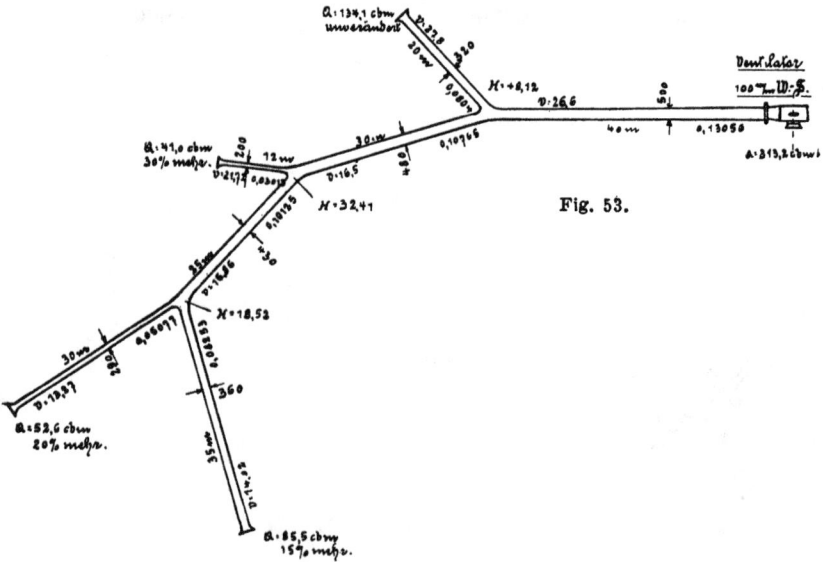

Fig. 53.

IV. Verlängerung des Rohrstranges A und Vergrößerung seiner Liefermenge.

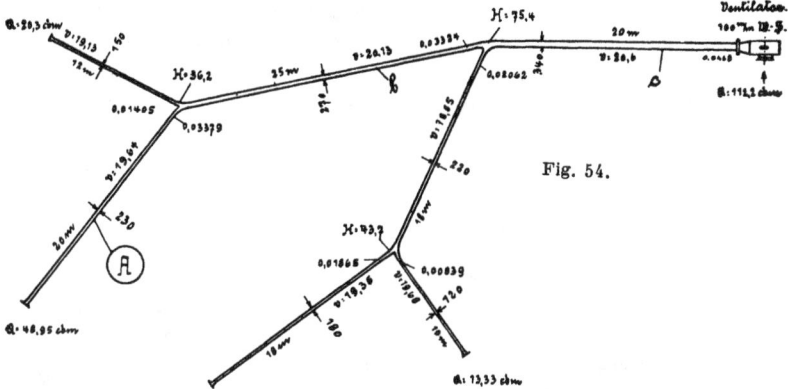

Fig. 54.

(Die Druckverteilung muß bei beiden Rohrleitungen die gleiche sein, damit die Liefermengen der anderen Ausflußröhren nicht geändert werden. Die Verlängerung allein vermindert die Menge Q auf Q_1 entsprechend $\frac{Q_1}{Q} = \sqrt{\frac{l}{l'}}$. Die Vergrößerung der Liefermenge Q_1 auf das verlangte Q' bedingt eine Erweiterung des Rohrdurchmessers gemäß $\frac{Q'}{Q_1} = \left(\frac{D'}{D}\right)^{5/2} \sqrt{\frac{\lambda}{\lambda'}}$. Den gesuchten Durchmesser D' findet man alsdann aus $\frac{Q'}{Q} = \left(\frac{D'}{D}\right)^{5/2} \sqrt{\frac{\lambda}{\lambda'} \frac{l}{l'}}$. Damit der Druckverlust in den Röhren b und c nicht infolge der vergrößerten durchfließenden Mengen größer werde, müssen auch ihre Durchmesser nach der Gleichung $\frac{Q'}{Q} = \left(\frac{D'}{D}\right)^{5/2} \sqrt{\frac{\lambda}{\lambda'}}$ erweitert werden.)

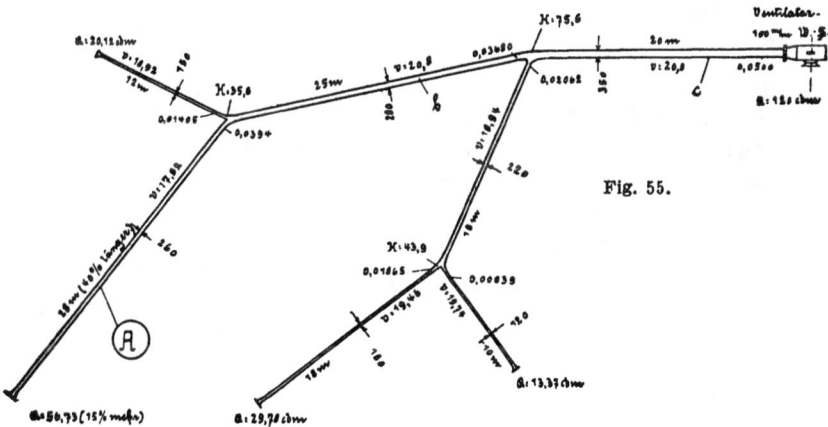

Fig. 55.

bestimmte Zweigröhren größere oder auch kleinere Mengen
gefördert werden, als ursprünglich hindurchgingen, o h n e d a ß
a b e r   h i e r b e i   d e r   ü b r i g e   T e i l   b e e i n f l u ß t
w i r d. Ist die gewünschte Menge in Q' gegeben, gegenüber
der wirklich geförderten Menge Q, so hat man nur sämtliche Durchmesser, welche zu verändern sind, aus der Gleichung zu ermitteln:

$$D' = \left(\frac{Q'}{Q} \sqrt{\varepsilon} \right)^{2/5} D,$$

wobei natürlich auch die Hauptstränge, durch welche die ver-
mehrten Mengen fließen, zu berücksichtigen sind. Da sich
bei diesem Verfahren, wie schon bemerkt, die Drücke in den
Knotenpunkten nicht ändern, so werden diejenigen Zweige,
die unverändert bleiben, nach wie vor dieselben Mengen
fördern. Vgl. die Fig. 52 und 53 und ferner die Fig. 54 und 55,
wo neben einer Mengenvergrößerung noch eine Verlängerung
des betreffenden Rohrstranges hinzugekommen ist. —
    Die hier angegebenen Rechenoperationen, namentlich bei
Durchmesserveränderungen erscheinen wohl in jedem Falle
recht umständlich, und zwar wegen der gebrochenen Expo-
nenten, die hierbei auftreten. Beachtet man nun, falls nicht
allzugroße Veränderungen in den Quanten vorzunehmen sind,
daß die Durchmesser und damit die λ nur wenig voneinander
abweichen, so kann annäherungsweise z. B. die vorstehende
Gleichung nach dem binomischen Satze auch geschrieben
werden:

$$\frac{D' - D}{D} = {}^2/_5 \, \frac{Q' - Q}{Q}.$$

    Diese besagt also, daß im obigen Falle der Durchmesser
sich prozentual um $^2/_5$ mit dem Quantum ändert. — Wendet
man derartige Abkürzungen überall an, so werden die Berechnungen, noch unter Einhaltung der praktischen Genauigkeit, in der Tat ganz einfach.

11. Die Theorie der Zweigleitungen nach wirtschaftlichen Grundsätzen.

Im vorhergehenden wurde unternommen, eine bestimmte ausgeführte Zweigrohranlage derartig rechnerisch zu untersuchen, daß über die wissenswerten Fragen nach der Größe und Verteilung der Liefermengen u. dergl. mit praktischer Genauigkeit Auskunft gegeben werden kann. Es ist klar, daß die obigen Untersuchungen im wesentlichen der Aufklärung dienen sollen, und daß sie, soweit ihre rein hydraulischen Grundlagen es gestatten, einiges Licht auf die in Wirklichkeit sehr verwickelten Vorgänge werfen sollen. — Die wichtige Forderung der Praxis stellt dementgegen die Aufgabe, daß in bestimmten Richtungen und vorgeschriebenen Entfernungen gewisse Luft- und Gasmengen zu führen sind, und verlangt dann die richtige Bemessung der gesamten Rohranlage nach praktischen Zwecken, wie dies namentlich in dem nächsten Abschnitt behandelt wird.

Für Transportanlagen von Luft und Gasen, bei denen keine weiteren Nebenbedingungen gestellt sind, sollte als besonderer Zweck immer der Grundsatz der größten Wirtschaftlichkeit gelten, d. h. die Bedingung, daß die Gesamtjahreskosten ein Minimum werden. Für Materialtransportanlagen dagegen, deren Aufgabe die Fortschaffung von relativ schweren Körpern auf pneumatischem Wege ist, muß naturgemäß in erster Linie die Einhaltung derjenigen minimalen Geschwindigkeit maßgebend sein, bei welcher das Transportgut durch die Strömung noch mitgeführt wird. — Im allgemeinen ist die richtige Dimensionierung einer Neuanlage nicht schwierig, sofern man sich nur mit den Grundlagen der Strömungsvorgänge hinreichend vertraut gemacht hat. Indessen gilt mit Rücksicht auf die wirtschaftliche Bemessung von Zweigrohranlagen das früher schon bei einem einfachen Rohr Gesagte, daß oft in der Praxis auf diese nicht geachtet wird, und daß es durchaus keine Seltenheit ist, daß Gesamtjahreskosten auftreten, die das Zwei- bis Dreifache derjenigen betragen, welche bei sachgemäßer Ausführung aufzuwenden sind.

Im folgenden soll nun untersucht werden, wie ein Zweigrohrsystem wirtschaftlich richtig dimensioniert sein muß, und zwar unter der Voraussetzung, daß die Rohraustrittsverluste vernachlässigt werden können. — Bei einem einfachen Rohr wurde hierbei gefunden, daß die Einhaltung einer bestimmten, der sog. wirtschaftlichen Geschwindigkeit nötig ist. — Es ist klar, daß dieses einfache Prinzip bei verzweigten Röhren nicht mehr gelten kann, da es aus dynamischen Gründen nicht möglich ist, überall gleiche Geschwindigkeiten einzustellen; es soll aber gezeigt werden, daß d a n n die obige Bedingung erfüllt ist, wenn die wirtschaftliche Geschwindigkeit, z. B. nach der früheren Tabelle, i n n e r h a l b der wirklichen Geschwindigkeiten liegt.

Denkt man sich zunächst eine Anlage so ausgeführt, daß sie die verlangte Liefermenge nach oder von den einzelnen Stellen richtig fördert, so wird hierzu eine gewisse Pressung H nötig sein. Ändert man sämtliche Rohrdurchmesser D in D' nach gleichem Verhältnis $\delta = \dfrac{D'}{D}$ ab, so wird sich damit H in H' ändern, und zwar, wenn man λ annäherungsweise als unveränderlich betrachten kann, nach der Gleichung

$$\frac{H'}{H} = \left(\frac{D}{D'}\right)^5 = \frac{1}{\delta^5},$$

die sich einfach aus der Beziehung der unveränderlichen Liefermenge $Q = 60\,F \cdot v$ unter Hinzuziehung der Reibungsformel ergibt. Da sich auch die Drücke in den Knotenpunkten nach demselben Verhältnis $\dfrac{1}{\delta^5}$ ändern, so werden also die Drucklinienfiguren bei veränderlichem δ stets einander ähnlich sein.

Wächst δ, so werden die Anlagekosten zunehmen, dagegen die Betriebskosten geringer werden und für die so veränderten Leitungsverhältnisse sind jetzt die Gesamtkosten, unter Berücksichtigung der umstehenden Beziehung, abhängig von δ:

$$K = \alpha \delta \, \Sigma D\,l + \beta \frac{Q\,H}{\delta^{5}},$$

wo das Summenzeichen über sämtliche Rohrstränge zu erstrecken ist und wo für α und β nach der früheren Gleichung auf Seite 20 zu setzen ist

$$\alpha = \frac{r\,z}{100},$$

$$\beta = \frac{b\,s}{10} + \frac{p\,z'}{300\,000}.$$

Differentiiert man K nach δ und sucht die Minimumbedingung, so findet man

$$\delta^{6} = \frac{5\,\beta}{\alpha}\left(\frac{Q\,H}{\Sigma D\,l}\right) = c\,\frac{Q\,H}{\Sigma D\,l},$$

d. h. die oben gedachte Leitung muß, damit sie wirtschaftlich arbeitet, in den Durchmessern gleichmäßig um die hieraus berechnete Größe δ verändert werden. — Angenommen, der

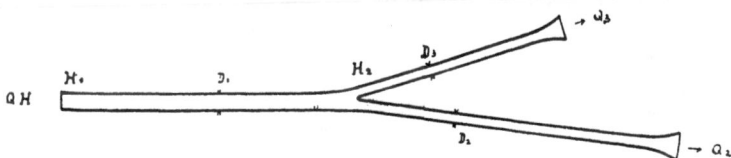

Fig. 56.

Einfachheit wegen, die Zweigleitung bestehe nur aus drei Rohrsträngen nach beifolgender Fig. 56, die je für sich betrachtet, wirtschaftlich erweitert werden müßten, um

$$\delta_1{}^6 = \frac{c\,Q\,H_1}{D_1\,l_1},$$

$$\delta_2{}^6 = \frac{c\,Q_2\,H_2}{D_2\,l_2},$$

$$\delta_3{}^6 = \frac{c\,Q_3\,H_2}{D_3\,l_3}.$$

7*

Da
$$H = H_1 + H_2$$
und
$$Q = Q_2 + Q_3$$
so findet man
$$\delta_2{}^6 D_2 l_2 + \delta_3{}^6 D_3 l_3 = c \, Q \, H_2$$
und hierzu die ersten dieser Gleichungen addiert:
$$\delta_1{}^6 D_1 l_1 + \delta_2{}^6 D_2 l_2 + \delta_3{}^6 D_3 l_3 = c \, (Q H_1 + Q H_2) = c Q H.$$

Nach der, wegen den dynamischen Verhältnissen möglichen, wirtschaftlichen Erweiterung ist auch
$$\delta^6 \, \Sigma D l = c Q H,$$
so daß man erhält
$$\delta^6 = \frac{\delta_1{}^6 D_1 l_1 + \delta_2{}^6 D_2 l_2 + \delta_3{}^6 D_3 l_3}{D_1 l_1 + D_2 l_2 + D_3 l_3}.$$

Ersetzt man die Verhältniszahlen δ etc. durch die Geschwindigkeiten, so hat man
$$\delta^2 = \frac{v_1}{u_1'} = \frac{v_2}{v_2'} = \frac{v_3}{v_3'},$$
wo v_1' etc. die Geschwindigkeiten bei den Rohrdurchmessern
D_1' sind etc.; ferner hat man
$$\delta_1{}^2 = \frac{v_1}{v_w},$$
$$\delta_2{}^2 = \frac{v_2}{v_w},$$
$$\delta_3{}^2 = \frac{v_3}{v_w},$$
wie aus der wirtschaftlichen Bemessung der einfachen Stränge
hervorgeht. Demnach ist
$$\left(\frac{v_1}{v_1'}\right)^3 = \left(\frac{v_2}{v_2'}\right)^3 = \left(\frac{v_3}{v_3'}\right)^3 = \frac{v_1{}^3 D_1 l_1 + v_2{}^3 D_2 l_2 + v_3{}^3 D_3 l_3}{v_w{}^3 \, (D_1 l_1 + D_2 l_2 + D_3 l_3)}.$$

Ermittelt man hieraus $v_1'^3$, $v_2'^3$ etc. und multipliziert mit
$D_1 l_1$, $D_2 l_2$ etc. und addiert, so findet man
$$v_1'^3 D_1 l_1 + v_2'^3 D_2 l_2 + v_3'^3 D_3 l_3 = v_w{}^3 \, (D_1 l_1 + D_2 l_2 + D_3 l_3)$$
und wenn man rechts und links mit δ multipliziert und be-

achtet, daß $D_1 \delta = D_1'$ etc., so wird endlich

$$v_1'^3 D_1' l_1 + v_2'^3 D_2' l_2 + v_3'^3 D_3' l_3 = v_w^3 (D_1' l_1 + D_2' l_2 + D_3' l_3) \ldots \text{C}).$$

Beachtet man nun, daß allgemein die durch die Reibung aufgezehrte Energie $Q \times H$, wenn man für

$$Q = 60 \frac{D^2 \pi}{4} v$$

und für

$$H = \lambda . \frac{l}{D} \frac{\gamma v^2}{2g}$$

setzt, dargestellt wird durch

$$Q \cdot H = 60 \lambda \frac{\pi}{4} \frac{\gamma}{2g} v^3 l D = c v^3 l D,$$

so findet man, daß die linke Seite der Gleichung C proportional der Summe der bei der bestmöglichen Bewegung infolge der Reibung verzehrten Energie und gleich der aufgewendeten Arbeit QH' zu setzen ist, während die rechte Seite die durch Reibung verlorene Energie bedeutet, wenn in jedem Rohr die Flüssigkeit mit der wirtschaftlichen Geschwindigkeit v_w fließt. — Diese Ableitung kann leicht auf die weiteste Verzweigung ausgedehnt werden, und man hat also die einfache und ganz allgemeine Bedingung der Wirtschaftlichkeit, daß sein muß

$$Q H' = \underset{\text{für } v = v_w}{\Sigma Q H} \quad \ldots \ldots \quad \text{D}).$$

Aus diesem Gesetz folgt sofort die Erkenntnis, daß die wirtschaftliche Geschwindigkeit stets in der Mitte der wirklichen Geschwindigkeiten liegen muß, wonach man leicht, wie im nächsten Abschnitt ausgeführt wird, die richtige Anlage dimensionieren kann. Sind übrigens die Geschwindigkeiten nicht sehr von einander verschieden, so wird v_w das arithmetische Mittel werden, wie folgende Darstellung zeigt: Schreibt man in Gl. C:

$$v_1'^3 D_1' l_1 + v_2'^3 D_2' l_2 + v_3'^3 D_3' l_3 = v_w^3 (D_1' l_1 + D_2' l_2 + D_3' l_3)$$

an Stelle von

$$v_1' = v_w + \varepsilon_1,$$
$$v_2' = v_w + \varepsilon_2,$$
$$v_3' = v_w + \varepsilon_3,$$

wo ε_1 etc. kleine Größen bedeuten, so ist angenähert

$$v_1'^3 = v_w^3 + 3\,\varepsilon_1\, v_w^2,$$
$$v_2'^3 = v_w^3 + 3\,\varepsilon_2\, v_w^2 \text{ etc.,}$$

was oben substituiert und vereinfacht ergibt

$$\varepsilon_1\, D_1'\, l_1 + \varepsilon_2\, D_2'\, l_2 + \varepsilon_3\, D_3'\, l_3 = 0,$$

oder für ε die Geschwindigkeiten gesetzt

$$v_1'\, D_1'\, l_1 + v_2'\, D_2'\, l_2 + v_3'\, D_3'\, l_3 = v_w\, (D_1'\, l_1 + D_2'\, l_2 + D_3'\, l_3).$$

Sind nun die Flächen $D'l$ der einzelnen Stränge nicht sehr verschieden, so daß man sie als einander gleich betrachten kann, so ist

$$v_w = \frac{v_1' + v_2' + v_3' + \cdots}{n},$$

d. h. die wirtschaftliche Geschwindigkeit soll das arithmetische Mittel der möglichen aber besten Geschwindigkeiten sein.

Da in der allgemeinen Gleichung

$$Q\,H' = \underset{v\,=\,v_w}{\Sigma\,Q\,H}$$

das spezifische Gewicht der Menge nicht vorkommt, so gelten die Resultate, welche Flüssigkeit auch gefördert werden mag, was nebenbei bemerkt, für Wasserleitungen, Kanalisationen u. dergl. von Wichtigkeit ist.

12. Die Bestimmung der Rohrweiten einer auszuführenden Leitungsanlage.

Wie schon erwähnt, ist neben der Berechnung von Fördermenge, Geschwindigkeit und Druck eines in allen Dimensionen gegebenen Leitungssystemes, deren Prinzip in den früheren Abschnitten behandelt wurde, für die Praxis von großer Wichtigkeit, umgekehrt eine Leitungsanlage für die besonderen Zwecke, welchen sie zu dienen hat, richtig zu bestimmen. — In den meisten Fällen sind die an den einzelnen Stellen abzugebenden bzw. aufzunehmenden Luft- oder Gasmengen vorgeschrieben, sei es durch den Verbrauch von Luft oder Gas bei Belüftungs- bzw. Gastransportanlagen, sei es infolge des Umstandes, daß z. B. bei Materialtransport ein gewisses Mischungsverhältnis einzuhalten ist, welches sich je nach der Materialart richtet. Da ferner durch die örtlichen Verhältnisse die Linienführung bestimmt ist, so bleibt nur die Hauptfrage nach den lichten Querschnitten der einzelnen Leitungen zu beantworten.

Bei Luft- und Gastransport wurde, entsprechend der Hauptforderung größter Wirtschaftlichkeit, festgestellt, daß die Einhaltung einer ganz bestimmten, der sog. wirtschaftlichen Geschwindigkeit nötig ist, die, wie im vorigen Abschnitt erkannt, bei verzweigten Systemen in der Mitte der dynamisch möglichen Geschwindigkeiten liegt. Es ist auch klar, daß bezüglich des Materialtransportes je nach der Art des Fördergutes solche Geschwindigkeiten vorkommen müssen, welche zum mindesten gleich der jeweiligen »Schwebegeschwindigkeit« sind, bei welcher, wie später noch ausgeführt wird, das Gewicht des Materials und die durch die Strömung hervorgerufene Stoßwirkung einander das Gleichgewicht halten.

Hiernach besteht also die Hauptaufgabe darin, eine bestimmt gewollte Geschwindigkeit i m M i t t e l bzw. als u n t e r s t e G r e n z e einzuhalten.

Nach folgender Überlegung kann nun ein einfacher Weg zur richtigen Dimensionierung eines beliebigen Leitungssystemes beschritten werden: Aus der im zehnten Abschnitt S. 92 aufgestellten Beziehung

$$\frac{Q'}{Q} = \left(\frac{\lambda}{\lambda'}\right)^{1/2} \left(\frac{D'}{D}\right)^{5/2},$$

welche die veränderte Liefermenge Q' bei beliebig verändertem Durchmesser D' ausdrückt, kann leicht die Geschwindigkeit v' gefunden werden, welche bei verändertem Quantum Q' auftritt. Setzt man allgemein

$$Q = 60 \cdot \frac{D^2 \pi}{4} \, v,$$

so ist offenbar

$$\frac{Q'}{Q} = \frac{D'^2 \, v'}{D^2 \, v}.$$

Ermittelt man hieraus $\dfrac{D'}{D}$ und setzt dies in die obige Beziehung ein, so findet man nach einfacher Umformung

$$\frac{v'}{v} = \left(\frac{\lambda}{\lambda'}\right)^{2/5} \left(\frac{Q'}{Q}\right)^{1/5},$$

d. h. abgesehen von dem mit dem Durchmesser gering variabelen λ verhalten sich die Geschwindigkeiten wie die fünfte Wurzel der Liefermengen. Die Geschwindigkeit ändert sich also in bezug auf die Menge sehr langsam (z. B. wenn Q um 50 % wächst, vergrößert sich v kaum um $1/12$ seines ursprünglichen Wertes).

Zur Berechnung eines gegebenen Strangsystemes liegt es jetzt nahe, probeweise die Leitung so zu bemessen, daß in jedem einzelnen Teil, z. B. bei Luftförderung, die wirtschaftliche Geschwindigkeit auftritt, was ohne weiteres erreicht werden kann, da nach Voraussetzung alle Mengen einzeln bekannt sind. — Die auf solche Art festgelegte Leitung wird nun keineswegs die an sie gestellte Anforderung erfüllen, da auf die Reibung und auf die sonstigen Verluste durchaus nicht

Rücksicht genommen wurde. — Bei einem gewissen Anfangsdruck werden nun, falls durch diejenigen Förderstränge, welche
der Druckerzeugung zunächst liegen, größere Mengen, und
durch diejenigen, welche am weitesten abliegen, geringere
Mengen, wie verlangt fließen, in den mittleren Liefersträngen
irgendwo die vorgeschriebenen Mengen hindurchgehen. Bestimmt man nun mit Hilfe des Rohratlasses rechnerisch die
tatsächlichen Liefermengen, die sich bei jenem zweckmäßig
gewählten Anfangsdruck einstellen, und verengt man die
näherliegenden bzw. erweitert man die ferner liegenden
Zweige entsprechend der Gleichung

$$\frac{Q'}{Q} = \left(\frac{\lambda}{\lambda'}\right)^{1/2} \left(\frac{D'}{D}\right)^{5/2},$$

worin Q' das anfangs vorgeschriebene Quantum und D' der
gesuchte Durchmesser bedeuten, so wird man jetzt eine Leitung dimensioniert haben, die nicht nur der Anforderung hinsichtlich der Liefermengen nachkommt, sondern welche die
weitere Eigenschaft besitzt, daß die wirtschaftliche Geschwindigkeit tatsächlich innerhalb der wirklich auftretenden Geschwindigkeiten liegt. Infolge der Durchmesserveränderung von
D auf D', entsprechend der letzten Gleichung haben sich nach
obigem die Werte von v kaum geändert und die in der Mitte
des Systems herrschende Geschwindigkeit ist wegen der probe-
weisen Dimensionierung zugleich die verlangte wirtschaftliche
Geschwindigkeit und entspricht, je nach der Wahl des Anfangs-
druckes, wovon sozusagen die Lage von v_w abhängt, mehr
oder weniger den im letzten Abschnitte geforderten theoretischen Mittelwert. — Wie leicht zu erkennen, wird man bei
Materialtransport genau in derselben Weise vorgehen, nur
sind jetzt die Verhältnisse derartig zu wählen, daß im ungünstigsten Teilstrang immer noch eine etwas größere wie Schwebegeschwindigkeit auftritt. Durch sämtliche anderen Stränge
werden dann größere Mengen wie verlangt fließen, was indessen durch Reduktion der Querschnitte, entsprechend der
obigen Regel leicht abzuändern ist.

Es sei besonders darauf hingewiesen, daß es bisher in der
Praxis fast immer üblich ist, die Leitungen ohne Rücksicht

auf die Reibungsverhältnisse, nur wie hier zuerst probeweise
geschehen, entsprechend einer bestimmten Geschwindigkeit zu
dimensionieren.   Aus dem Gesagten geht klar hervor, daß
diese Methode allein niemals den gewünschten Erfolg haben
kann, da z. B. bei Spänetransportanlagen die, in bezug auf
den Ventilator am günstigsten liegenden Röhren viel zu viel,
die entferntesten dagegen viel zu wenig Luft ansaugen,
wodurch dann die bekannten Nachteile eintreten.   Die ange-
gebene Reduktion der Querschnitte hilft diesem Übelstande
in einfachster Weise ab und die, wie in letzterem Falle zu
großen Geschwindigkeiten in der Nähe des Transportventi-
lators werden verringert zugunsten der übrigen. —

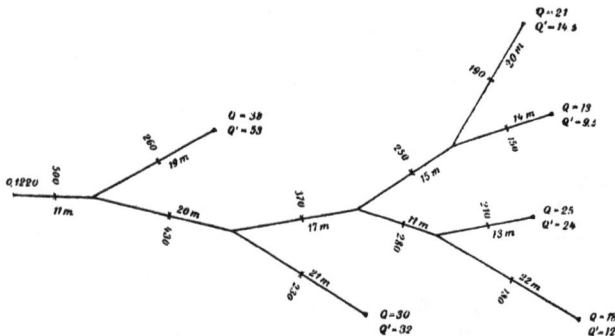

Fig. 57.

Um das Gesagte klarer vor Augen zu stellen, sei ein Beispiel ausgeführt, wobei die in Fig. 57 angegebenen Quanten Q
durch den verzweigten Strang möglichst wirtschaftlich hin-
durchzuführen sind. Anlage- und Betriebskosten sollen eine
günstigste Geschwindigkeit von $v_{w} = 10 - 12$ m/Sek. be-
dingen. — Die probeweise Dimensionierung, entsprechend
einer Geschwindigkeit von 12 m/Sek. ergibt die eingeschrie-
benen Rohrdurchmesser, wonach mit Hilfe des Rohratlasses
sämtliche äquivalente Weiten bestimmt sind.   Verteilt man
nun das Gesamtquantum von 145 cbm/Min. auf die einzelnen
Zweige, nach Maßgabe dieser äquivalenten Weiten, so erhält
man bei einem gewissen Druck (24,4 mm Wassersäule) die
tatsächliche Verteilung der Liefermengen Q', mit der Bedin-

gung, daß die wirtschaftliche Geschwindigkeit in der Mitte
der wirklichen Geschwindigkeiten liegen muß. Wie man erkennt, weichen z. T. die wirklich hindurchgehenden Mengen
von den verlangten Quanten ganz beträchtlich ab. — Entsprechend der Gleichung

$$\frac{D'}{D} \cong \left(\frac{Q'}{Q}\right)^{2/5},$$

die bei nicht allzu großem Unterschiede von Q besagt, daß
sich D p r o z e n t u a l um $^2/_5$ mit Q ändert, sind jetzt die
Durchmesser neu zu bestimmen, welche in Fig. 58 eingetragen sind; bei dieser Dimensionierung kommt nun die Leitung den verlangten Anforderungen praktisch sehr nahe, wie
die ausgeführte Kontrolle mit dem Rohratlas zeigt, wobei die
Liefermengen Q'' ermittelt sind. — Es ist offensichtlich, daß
diese Methode nicht direkt die strenge Forderung der Gl. D
des vorigen Abschnittes zu erfüllen vermag. Für normale
Verhältnisse wird jedoch in einfacher Weise die Absicht erreicht, daß die wirtschaftliche Geschwindigkeit zwischen den
möglichen Geschwindigkeiten liegt.

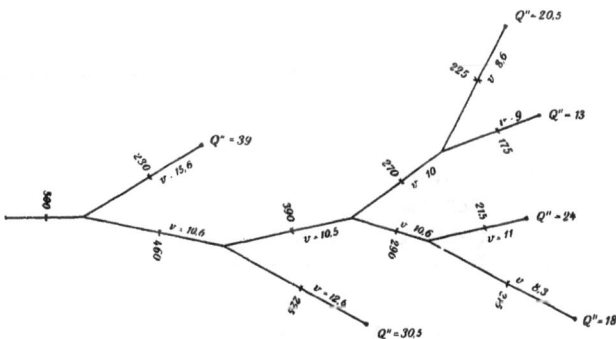

Fig. 58.

Außer auf dem soeben angegebenen Wege kann ein Leitungssystem auch noch mit Hilfe einer Drucklinienfigur bestimmt werden, wobei man aber im allgemeinen nur die Forderung einer richtigen Strömung, nicht zugleich auch diejenige der Gesamtbilligkeit zu berücksichtigen vermag. Man
kann nämlich über der angegebenen Strangzeichnung eine

Drucklinienfigur beliebig annehmen, und es handelt sich jetzt
darum, jeweils diejenige Rohrweite zu finden, bei welcher
mit Rücksicht auf die gegebene Rohrlänge der angenommene
Druckverlust bei dem verlangten Quantum auftritt. Aus
Druckverlust und Fördermenge läßt sich nun leicht die der
Reibung entsprechende äquivalente Weite berechnen und z. B.
mit Hilfe des Rohratlasses aus dieser und der Rohrlänge rückwärts der Durchmesser feststellen, da die Bedingung erfüllt
sein muß, daß sich die von der betreffenden äquivalenten
Weite im Atlas ausgehende Horizontale mit der im Abstande der
Rohrlänge aufsteigenden Vertikalen auf der Linie *BC* (vgl.
Fig. 37) schneiden müssen. — Diese Methode gestattet, neben
den vorgeschriebenen Quanten noch bestimmte Drücke einzuhalten, wie gegebene Enddrücke, die z. B. bei Feuerungs-
anlagen mit Unterwind wegen des Feuerzugwiderstandes
nötig sind. —

Aus Gründen der Regulierbarkeit ist es häufig notwendig,
Drosselorgane, z. B. Klappen u. dergl. in die einzelnen Lei-
tungsstränge einzubauen. Um die Fördermenge zu bestimmen,
welche im günstigsten Falle auftritt, wird man natürlich deren
Wirkung nicht in Betracht ziehen. Nach der Dimensionierung
des Leitungssystemes hinsichtlich der maximal verlangten
Fördermengen kann man, wenn es nötig ist, alsdann ohne
Schwierigkeit dessen Verhalten bei den verschiedenen Dros-
selungen studieren, wenn man, entsprechend den jeweils auftretenden Stoßverlusten, zu den einzelnen Strängen die zu
jenen äquivalenten Längen hinzunimmt. —

Handelt es sich um die Dimensionierung einer Leitung
für Materialtransport, so muß von vornherein darauf Bedacht
genommen werden, daß sich infolge der Mischung von Luft
und Material die Reibung vergrößert, und zwar je nach der
Art des Materiales und je nach der Größe des Mischungs-
verhältnisses. Es ist zweckdienlich, sich rechnerisch auf Grund
gewisser Voraussetzungen ein Bild von dem größeren Widerstand zu machen, den eine Mischung gegenüber reiner Luft
oder Gasförderung verursacht. Ist das Mischungsverhältnis m,
nämlich das Verhältnis von Materialvolumen zum Luft- bzw.
Gasvolumen klein, so kann man von der Überlegung ausgehen,

daß, ähnlich wie bei gasförmigen Flüssigkeiten, die Rohrwandung gleichfalls der wesentlichste Sitz der Reibung für
die in jenen eingebetteten Fördermaterialien ist. Durch das
Anschlagen an die feste Wand verlieren diese einen gewissen
Teil ihrer Bewegungsenergie, der, um die Förderung aufrecht
zu erhalten, stets neu zu ersetzen ist, und zwar mit Hilfe bzw
auf Kosten des Überdruckes. — Die z. B. für reine Luft auf-
zuwendende Energie zur Überwindung der Reibung ist in
mkg/Sek.

$$L = Q\, H_r = Q\, \frac{\lambda\, l}{D}\, \frac{\gamma\, v^2}{2\, g}.$$

Liegt nun eine Mischung vor, so ist klar, daß jetzt diese
Energie größer werden muß, und es kann angenommen werden,
daß diese ist

$$L_m = Q\, \frac{\lambda\, l}{D}\, \frac{\gamma\, v^2}{2\, g} + Q'\, \frac{\lambda'\, l}{D}\, \frac{\gamma'\, v^2}{2\, g},$$

wo Q'; γ'; λ' die entsprechenden Größen des zu fördernden Materials bedeuten, z. B. Q' das minutlich geförderte Material-
quantum etc. Setzt man nach obiger Definition $Q' = mQ$
und berücksichtigt, daß die nötige Energie zum Transport
der Mischung ist

$$L_m = (Q + Q')\, H_m$$

so findet man aus obiger Beziehung den Druckverlust

$$H_m = \frac{Q\, (\lambda\, \gamma + \lambda'\, \gamma'\, m)}{Q + Q'}\, \frac{l}{D}\, \frac{v^2}{2\, g}$$

$$= \frac{\lambda\, \gamma + \lambda'\, \gamma'\, m}{1 + m}\, \frac{l}{D}\, \frac{v^2}{2\, g}.$$

Ist, wie nach der Voraussetzung, m klein, gegenüber der
Einheit, und setzt man annäherungsweise $\lambda' = \lambda$, so hat man

$$H_m = \lambda\, \frac{l}{D}\, (\gamma + \gamma'\, m)\, \frac{v^2}{2\, g}.$$

Der Reibungsverlust durch die Mischung ist also in bezug
auf den Reibungsverlust H_r der reinen Förderung

$$H_m = \left(1 + \frac{\gamma'}{\gamma}\, m\right) H_r.$$

Um ein Beispiel zu wählen: ist $\gamma = 1{,}23$ kg/cbm; $\gamma' = 500$ kg/cbm und $m = \dfrac{1}{1500}$, so wird

$$H_m = 1{,}27\, H_r,$$

d. h. bei diesen, etwa einem Spänetransport entsprechenden Werten muß die Druckhöhe um 27 % größer sein wie bei reiner Luft.

Zur Dimensionierung von Leitungen ist es natürlich zweckmäßiger, die durch die Mischung verursachte höhere Reibung einfach in einer größeren Stranglänge auszudrücken. Vergleicht man die oben gefundene Druckhöhe H_m mit derjenigen für reine Förderung

$$H_r = \frac{\lambda\, l_{ae}}{D}\,\frac{\gamma\, v^2}{2\,g},$$

wo unter l_{ae} die der höheren Reibung entsprechende Stranglänge verstanden ist, so hat man sofort durch Vergleich

$$l_{ae} = \left(1 + \frac{\gamma'}{\gamma}\, m\right) l.$$

Der Koeffizient von l ist derselbe wie der von H_r. Man kann also nach dem obigen Beispiel den Einfluß der Materialreibung einfach dadurch berücksichtigen, daß man die Rohrlänge um 27 % vergrößert und die Rechnung jetzt für reine Förderung durchführt. Zur Vermeidung von Mißverständnissen muß indessen immer berücksichtigt werden, daß diese Betrachtung nur für kleine Werte von m gültig ist.

Es ist gerade hier die Stelle, noch auf das Folgende hinzuweisen: Wird irgend eine Flüssigkeit, Luft oder Gas, aber auch Wasser u. dgl., durch eine Leitung gefördert, wobei Reibungskoeffizienten λ' auftreten, die von den bisherigen besonders abweichen, so hat man nur, um die veränderte Reibung zu berücksichtigen, die Länge

$$l_{ae} = \frac{\lambda}{\lambda'}\, l$$

je an Stelle der sonstigen Länge l einzuführen (vgl. S. 89) und alle früheren Untersuchungen behalten ihre Giltigkeit; besonders wichtig ist, daß dann auch sämtliche Ablesungen im Rohratlas, wie leicht einzusehen, den neuen λ' entsprechen.

———

13. Die praktische Verwendung von Schwach-druckleitungen.

Bei der Ausführung von Schwachdruckleitungen, welche, wie erwähnt, benutzt werden zu Heizungs- und Lüftungszwecken, zur Gruben- und Grubensonder-Bewetterung, zur Schiffsventilation, zum Gasferntransport (auch für Hochofengas), ferner zum Staub-, Späne- überhaupt Materialtransport, und wie noch die verschiedenartigsten Anwendungen heißen mögen, sind in erster Linie die Hauptgrundsätze zu befolgen, alle Verluste zu vermeiden, die infolge mangelhafter Beschaffenheit der Wandungen auftreten, und alle Widerstände auszuschalten, welche durch unvermittelte Querschnittsübergänge hervorgerufen werden. Es scheint fast überflüssig, diese selbstverständlichen Forderungen zu erwähnen und dennoch kann man nur allzuoft bemerken, daß sie in der Praxis nicht im geringsten beachtet werden: Bei Kanälen aus Mauerwerk u. dergl. wird vielfach nicht die nötige Rücksicht auf Glattgestaltung genommen, besonders aber sind es überall die Carnotschen Widerstände, die nicht vermieden werden.

Mit Rücksicht auf letztere ist darauf hinzuweisen, daß ein Leitungsstrang stets aus drei Teilen besteht: aus dem eigentlichen Rohr oder Kanal, aus dem Eintritts- und aus dem Austrittselement. Letztere bezwecken den allmählichen Übergang von niederer zu höherer Geschwindigkeit und umgekehrt. Bei Rohrsträngen, die eine Zweigleitung bilden, gilt dasselbe, und es wird nach Früherem diejenige Leitung am vorteilhaftesten arbeiten, bei welcher durch richtige Ausbildung der Knotenpunkte ein stoßfreies Zu- und Abströmen möglich, also dann, wenn die Leitung völlig umkehrbar ist.

Carnotsche Wirbel treten ferner auf bei nicht stetigen Richtungsänderungen; dies gilt für alle Krümmer und besonders für den Richtungswechsel in den Verzweigungspunkten. In neuerer Zeit ist man dieser Stetigkeitsforderung mehr nachgekommen, und man hat größere Sorgfalt auf die Ausbildung der Abzweigestellen gelegt.[1])

Weniger sorgfältig wird noch die Luftführung bei Leitungen aus Mauerwerk u. dergl. behandelt, worunter auch, wie schon erwähnt, die Wetterführung in den Bergwerken zu zählen ist; hier läßt man noch scharfkantig-rechtwinklig die einzelnen Stränge zusammenstoßen, ohne jede Rücksicht auf die druckverzehrenden Wirbelungen und plötzlichen Geschwindigkeitsänderungen. Es ist einleuchtend, daß eine sachgemäßere Ausführung eine ganz wesentliche Verbesserung des Gesamtergebnisses herbeiführen müßte.

Bei Schwachdruckrohrleitungen aller Art werden vorzugsweise die Röhren aus dünnem 0,5 bis 2 mm starkem Schwarzblech oder aus verzinktem oder verbleitem Eisenblech, manchmal auch aus reinem Zink hergestellt. Die Röhren sind in der Länge genietet, meistens aber gefalzt und genietet und werden in bekannter Weise aneinander geflanscht oder auch mit Falz verbunden, teilweise auch mittels eingewalzten Gewindes miteinander verschraubt.

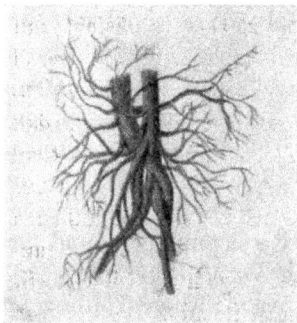

Fig. 59.

[1]) Es ist zu bemerken, daß die günstigste Ausbildung der Verzweigungspunkte schon immer durch die Natur gezeigt war, da sowohl im Unorganischen, als auch im Organischen, zweckmäßig ausgebildete Verzweigungsstellen vorkommen: z. B. an den Zusammenflußstellen rasch laufender Gewässer, besonders aber an den vielfachen Verzweigungen des tierischen Säftekreislaufes wie Fig 59 zeigt, die einen Teil des menschlichen Aderkreislaufes darstellt.

Bei Material-Absaugeanlagen sind die Enden der Rohr-stränge je nach dem Zwecke auszubilden, wobei darauf zu achten ist, daß sich die Luft möglichst innig mit dem Ma-terial mischt, und daß dieses von der Luft mit größerer als „Schwebegeschwindigkeit" getroffen wird. — Unter Schwebe-geschwindigkeit ist diejenige Geschwindigkeit zu verstehen, bei welcher die Materialschwere im Gleichgewicht steht mit dem Ablenkungsdruck, der durch den Stoß der bewegten Luft auf den frei schwebenden Körper ausgeübt wird. Vom physi-kalischen Standpunkt aus ist die Erscheinung interessant, daß eine Verwandtschaft besteht zwischen dem Druckverlust in Röhren und dem auf einen festen Körper ausgeübten Druck: In beiden Fällen ist dieser proportional der einfachen Geschwindigkeit, sofern diese nicht sehr groß ist, und sofern der Rohrdurchmesser bzw. das als kugelförmig gedachte Körpervolumen klein sind. Bei den praktisch vorkommen-den Geschwindigkeiten dagegen wächst der Gegendruck in den Röhren, wie bekannt, proportional dem Quadrat der Geschwindigkeit, ebenso aber auch der „Prall-druck" auf einen festen Körper (Fig. 60). Um das letztere Gesetz zu bestätigen, wurden vom Verfasser Versuche in folgender Weise aus-geführt: In eine weite Röhre, welche an einen Ventilator angeschlossen war, wurde eine mit verschiedenen Gewichten zu füllende Hohlkugel von 38 mm Durchmesser pendelnd aufgehängt. Hatte die in parallelen Fäden strömende Luft die Kugel zum Schweben gebracht, so wurde mittels Stau-scheibe die Luftgeschwindigkeit gemessen und daraus die Geschwindigkeitsdruckhöhe

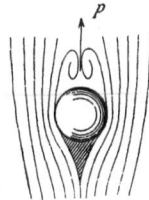

Fig. 60.

$$H_v = \frac{\gamma' v^2}{2\,g}$$

bestimmt. Trägt man nun diese gefundenen Werte in Ab-hängigkeit von dem Kugelgewicht G auf, so erhält man in Übereinstimmung mit dem Gesetz, da alsdann

$$G = c_1 \frac{\gamma' v^2}{2\,g} = c_1 H_v$$

ist, eine gerade Linie durch den Ursprung, vgl. Fig. 61. Im allgemeinen ist die durch die Strömung auf einen kugelförmig gestalteten Körper vom Durchmesser D ausgeübte Kraft:

$$P = c_2 \frac{D^2 \pi}{4} \cdot \frac{\gamma v^2}{2 g} = c_2 \frac{D^2 \pi}{4} H_v.$$

Herrscht Gleichgewicht, schwebt also der Körper, so muß die Größe P gleich dem Gewicht des Körpers G sein. Drückt

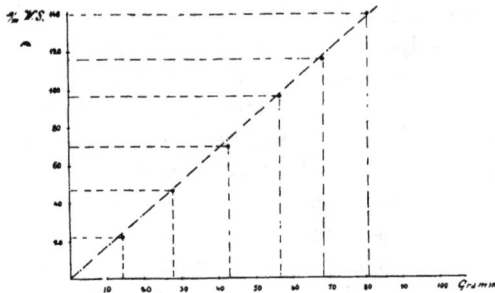

Fig. 61.

man dieses durch das Körpervolumen und das spezifische Gewicht γ' aus, also

$$G = \frac{D^3 \pi}{6} \gamma',$$

und setzt wegen des Gleichgewichtes $P = G$, so findet man die Druckhöhe H_v der Schwebegeschwindigkeit

$$H_v = c \, \gamma' \, D.$$

Diese einfache Beziehung hat eine gewisse Nützlichkeit für die Berechnung von Materialtransportanlagen. Aus Versuchen mit gewöhnlich-glatten Kugeln aus Holz, Gummi, Blei etc. hat der Verfasser die Konstante c ermittelt und diese zu

$$c = 1,3$$

gefunden, wenn γ' das spezifische Gewicht des Körpers in kg/cbdm bedeutet, der Durchmesser D in mm gemessen wird und H_v, wie immer, in mm Wassersäule ausgedrückt ist.

Wie man aus dieser Gleichung erkennt, ist die nötige Geschwindigkeitsdruckhöhe, wenigstens in senkrecht aufsteigenden Röhren um so größer, je größer der mittlere Durchmesser des Materials und je spezifisch schwerer dieses ist. Um z. B. eine Kugel aus Holz von 30 mm Durchm. und dem spezifischen Gewicht $\gamma' = 0,6$ noch mit Sicherheit transportieren zu können, hat man

$$H_v = 1,3 \, \gamma' \, D$$
$$= 1,3 \cdot 0,6 \cdot 30 = 23,4 \text{ mm WS.,}$$

d. h. man hat eine Geschwindigkeit in senkrechten Röhren nötig von mindestens

$$v = 4 \, \sqrt{H_v} = 19,4 \text{ m/Sek.}$$

Bei einem Körper dagegen von 1 mm mittlerer Kornstärke und einem spezifischen Gewicht von 2,5 ist, wenn c den gleichen Wert wie oben besitzt,

$$H_v = 1,3 \cdot 2,5 \cdot 1 = 3,25 \text{ mm WS.}$$

und hiernach die Schwebegeschwindigkeit

$$v = 4 \, \sqrt{3,25} = 7,2 \text{ m/Sek.}$$

Für Staub von Zementfabriken, Mühlen, chemischen Fabriken, Putzereien, Schleifereien etc., also für Stoffe, die gewöhnlich feinere Korngröße besitzen, bei einem maximalen spezifischen Gewicht von 2,5, genügt daher eine Geschwindigkeit von ungefähr 10 m/Sek. vollkommen zur sicheren Förderung.

14. Übersicht über die Theorie der Ventilatoren.

Bei größeren Lüftungsanlagen, stets aber bei Staub-
Späne-, Materialtransportanlagen u. dergl., kann der zur Überwindung der Reibung und sonstiger Widerstände erforderliche
Überdruck nur auf mechanischem Wege aufgebracht werden.
Unter sämtlichen in Betracht kommenden Arbeitsmaschinen
eignen sich zum Fördern von Luft und Gasen und Mischungen
von diesen mit festen Körpern in hervorragendem Maße die
Ventilatoren. Die Hauptvorzüge dieser Apparate bestehen
neben der Billigkeit in der Anschaffung und der wenigen
erforderlichen Reserveteilen in dem geringen Raumbedarf bei
großer Förderleistung, in der Verwendbarkeit rasch laufender,
billiger Antriebsmaschinen, wozu sich besonders die Elektro-
motoren eignen, ferner darin, daß bei einigermaßen sorg-
fältiger Herstellung keine störenden Massenkräfte auftreten
und deshalb die Montage in einfacher Weise, ohne besondere
Fundamente, auszuführen ist. — Bei Mischungen von Luft
mit festen Körpern kommt hierzu noch der sehr wichtige
Umstand, daß die Ventilatoren gegen Verschleiß und gegen
sonstige Einflüsse, wie Versperrung, fast unempfindlich sind.
Neben diesen praktischen Vorteilen, z. B. den Kolbenluft-
pumpen gegenüber, kommen einige Nachteile in Betracht, zu
welchen eine geringere Ausnutzung der eingeleiteten Kraft gehört, ferner, bei nicht sachgemäßer Konstruktion, ein eigen-
artiges Geräusch, das bei gewissen Anlagen störend wirkt.
Es ist indessen leicht einzusehen, und die Praxis bestätigt es,
daß in den weitaus meisten Fällen die Vorteile die nach-
teiligen Wirkungen überbieten, besonders dann, wenn durch
sachkundige Berechnung und Ausführung der Apparate die

störenden Nebenerscheinungen vermieden werden, wenn namentlich deren mechanischer Wirkungsgrad auf ein höchstes Maß gebracht wird und besonders, wenn bei der Projektierung der Gesamtanlage von vornherein auf ein richtiges Zusammenpassen von Ventilator mit den dazugehörigen Leitungen geachtet wird.

Für die vorliegenden Zwecke kommen im wesentlichen Zentrifugalventilatoren in Betracht; die sog. Schraubenventilatoren haben für größere Leitungsanlagen fast keine Anwendung, weil die damit im besten Falle zu erzielende Pressungsdifferenz verhältnismäßig niedrig, und weil namentlich der erreichbare Wirkungsgrad nicht wirtschaftlich genug ist.

Je nach dem besonderen Zweck der Zentrifugalventilatoren unterscheidet man solche für Niederdruck, Mittel- und Hochdruck. Obgleich im allgemeinen keine festen Grenzen zu ziehen sind, dürfte die Pressung von 150 mm Wassersäule als erste Grenze, diejenige von 800 mm Wassersäule als zweite Grenze zu betrachten sein, während es für die Hochdruckzone technisch keine Beschränkung mehr gibt. Die Apparate für letztere sind nach dem Mehrstufensystem ausgeführt und mit Leitschaufeln ausgerüstet, nach dem Vorbild der Hochdruckzentrifugalpumpen. — Bei Mitteldruckventilatoren handelt es sich meistens nur um eine Stufe, wobei eine zweckmäßig ausgebildete Gehäusespirale die Wirkung der Leitschaufeln ersetzt. Die Druckgrenze ist bedingt durch den mechanischen Wirkungsgrad, welcher bei dieser Ausführung und höheren Drücken, wie oben genannt, gewöhnlich unwirtschaftlich wird.

Die Niederdruckventilatoren, welche besonders hier zu betrachten sind, unterscheiden sich grundsätzlich nicht von den Mitteldruckgebläsen; ihre Konstruktion ist im wesentlichen bedingt durch große Volumenleistung, bei möglichst hohem Nutzeffekt. — Zur Förderung von reiner Luft und von Mischungen von Luft mit solchen Körpern, welche nicht sperrig wirken, wie Staub, Körner etc. werden zur möglichst guten Führung und damit zur Erhöhung der Kraftausnutzung geschlossene Laufräder verwendet, im Gegensatz zu den sogenannten offenen Flügeln, nach umstehender Fig. 62, welche sich zum Transport von Spänen, Holzwolle und dergl. bei allerdings etwas geringerem Wirkungsgrad gut bewähren.

Für Belüftungsanlagen, also da, wo es sich um reine atmosphärische Luft von nicht sehr hoher Temperatur handelt, kommen seit mehreren Jahren Niederdruckgebläse zur Verwendung, welche unter dem Namen Sirocco-Ventilatoren von einer englischen Firma hergestellt werden. Der Unterschied gegenüber den gewöhnlichen Ventilatoren liegt in dem besonders konstruierten Laufrad, das eine große Anzahl radial sehr kurzer, axsial sehr breiter Schaufeln besitzt, welche so angeordnet sind, daß ein großer zylindrischer Eintrittsraum entsteht. Die besonderen Vorzüge liegen in der fast völligen Geräuschlosigkeit, ferner in den geringen Dimensionen gegenüber den Apparaten älterer Ausführung.

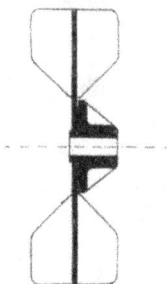

Fig. 62.

Fig. 63.

In neuester Zeit wird von einer deutschen Fabrik, der bekannten Firma G. Schiele & Co. in Frankfurt a. M. ein Ventilator hergestellt (s. Fig. 63), welcher sich durch gute Anpassung an die günstigsten Strömungsverhältnisse auszeichnet. Wie bei dem englischen Ventilator sind die Schaufeln kurz, aber sehr breit; diese stehen nicht parallel, sondern raumschief zur Achse. Die dem Lufteintritt entgegenstehenden Enden sind in der Drehrichtung nacheilend, so daß ein sanftes Anheben der Luft geschieht, das durch die Schrägstellung in gleichmäßiger Weise auf die Austrittsfläche verteilt wird.

Infolge der günstigen Luftführung sind verhältnismäßig hohe Wirkungsgrade zu erreichen, die derartige Apparate bei ihrer gedrängten Bauart und dem fast völlig geräuschlosen Gang zu Lüftungszwecken aller Art ganz geeignet machen.

Wie schon erwähnt, gehört zu einer guten Gesamtanlage nicht nur, daß die Apparate und Leitungen für sich gut, bzw. richtig bemessen sind, sondern es ist noch die besondere Bedingung, mehr wie sonst, zu beachten, daß ein Gebläse durchaus in richtiger Abstimmung mit den Leitungen arbeitet. Bei praktischen Ausführungen wird erfahrungsgemäß häufig in diesem Punkte gefehlt, sehr auf Kosten der Gesamtwirtschaftlichkeit, so daß es nützlich erscheint, hier in kurzem auf die Theorie der Ventilatoren und deren Verhalten bei angeschlossenen Leitungen einzugehen. Für eingehenderes Studium ist auf die vorhandene Literatur, darunter auch auf die Abhandlung des Verfassers über Zentrifugalpumpen und Ventilatoren, zu verweisen[1]).

Man bezeichne nach nebenstehendem Schema

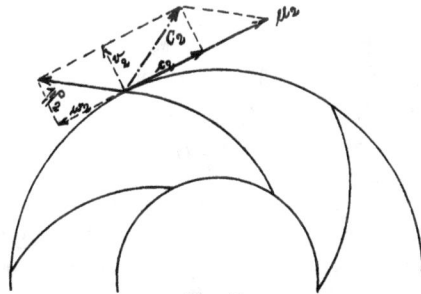

Fig. 64.

Fig. 64 die Geschwindigkeiten, welche an der Austrittsstelle eines Laufrades herrschen, mit dem Beizeichen 2, diejenigen

---

[1]) Dr.-Ing. V. Blaeß, Zur Theorie der Zentrifugalpumpen und Ventilatoren. Zeitschr. f. d. ges. Turbinenwesen 1907.

am Eintritt mit dem Beizeichen 1, und nenne u die Rad-
umfangsgeschwindigkeit, C die absolute Geschwindigkeit,
W und v die relative bzw. Durchfluß-Geschwindigkeit. Steht
das Laufrad still, und fließt die Flüssigkeit ohne Reibungsverlust hindurch, so besteht die Beziehung

$$\frac{\gamma\, w_2{}^2}{2\,g} + p_2 = \frac{\gamma\, w_1{}^2}{2\,g} + p_1.$$

Die Druckdifferenz zwischen außen und innen ist also

$$p_2 - p_1 = -\,\frac{\gamma\, w_2{}^2}{2\,g} + \frac{\gamma\, w_1{}^2}{2\,g}.$$

Dreht sich das Laufrad, so kommt zu dieser Pressungsdifferenz noch die Wirkung der Zentrifugalkraft, nämlich

$$P_c = \frac{\gamma\, u_2{}^2}{2\,g} - \frac{\gamma\, u_1{}^2}{2\,g}.$$

Der erzeugte Druckunterschied wird also

$$P_2 - P_1 = -\,\frac{\gamma\, w_2{}^2}{2\,g} + \frac{\gamma\, w_1{}^2}{2\,g} + \frac{\gamma\, u_2{}^2}{2\,g} - \frac{\gamma\, u_1{}^2}{2\,g}$$

und man findet den theoretischen Gesamtdruck, indem man
noch die absoluten Geschwindigkeitsdruckhöhen berücksichtigt,
wobei man erhält

$$H = -\,\frac{\gamma\, w_2{}^2}{2\,g} + \frac{\gamma\, w_1{}^2}{2\,g} + \frac{\gamma\, u_2{}^2}{2\,g} - \frac{\gamma\, u_1{}^2}{2\,g} + \frac{\gamma\, C_2{}^2}{2\,g} - \frac{\gamma\, C_1{}^2}{2\,g}.$$

Diese scheinbar verwickelte Form läßt sich leicht redu-
zieren, wenn man die radialen und tangentialen Geschwindig-
keitskomponenten einführt, wonach man, wie leicht einzusehen, erhält

$$H = \frac{\gamma}{g}\left(u_2{}^2 + u_2\, w_2 - u_1{}^2 - u_1\, w_1\right).$$

Hiernach ist die Druckhöhe nur von den Schaufelenden,
nicht von der Schaufelform abhängig. Ist stoßfreier Eintritt
vorhanden, wenn $w_1 = -\,u_1$ ist, so wird

$$H = \frac{\gamma}{g}\left(u_2{}^2 + u_2\, w_2\right).$$

Nach dieser Gleichung ist H um so größer, bei gleicher
Umfangsgeschwindigkeit, je größer w_2 ist, d. h. je mehr die
Schaufeln vorwärts geneigt sind. Dieses Prinzip gilt für zähe,

reibende Flüssigkeiten nicht allgemein. Die Erfahrung hat gelehrt, daß nur kurze, nicht zu schmale Schaufeln einigermaßen diesem theoretischen Gesetz folgen.

Ersetzt man u_2 und w_2 durch den Durchmesser D_2 des Rades, seine Breite b_2 und die Drehzahl n, so kann man die Druckhöhe für ein und dasselbe Laufrad unter Einführung der Liefermenge Q schreiben

$$H = K_1 n^2 + K_2 n Q.$$

Bei gleicher Drehzahl n ändert sich also Q mit H geradlinig, wie beistehende Zeichnung für z. B. rückwärts gekrümmte Schaufeln veranschaulicht.   Dividiert man obige Gleichung durch n^2, so hat man

$$\frac{H}{n^2} = K_1 + K_2 \frac{Q}{n}$$

und man findet, daß wenn H proportional mit n^2 wächst, also wenn

$$\left. \begin{array}{c} \dfrac{H}{n^2} = a^2 \\[2mm] \text{daß dann auch} \\[2mm] \dfrac{Q}{n} = b \end{array} \right\} \text{E)}$$

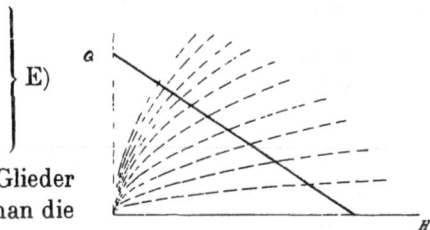

Fig. 65.

wegen der konstanten Glieder sein muß. Eliminiert man die Drehzahl, so hat man

$$Q = \frac{b}{a} \sqrt{H} \quad \ldots \ldots \ldots \text{F)}$$

Erinnert man sich der Gleichung der äquivalenten Weite

$$Q = 240 F_{ae} \sqrt{H},$$

so muß $\dfrac{b}{a}$ proportional F_{ae} sein, d. h. die obigen Bedingungen E) treten auf bei konstanter gleichwertiger Öffnung, zu welcher die Gleichung F), also eine gewöhnliche Parabel gehört (s. die Fig. 65).   Je größer die äquivalente Weite ist, um so mehr öffnet sich der Parabelschenkel.

Bisher wurde eine reibungslose Flüssigkeit vorausgesetzt. Ist Reibung vorhanden, so wird ein Teil der erzeugten Druck-

höhe dazu verwendet, die Flüssigkeit, also hier Luft und
Gase, durch das Gebläse hindurch zu bewegen. Da es vorwiegend einmalige Widerstände sind, so ist zu erwarten,
daß bei gleicher äquivalenter Öffnung der Reibungsverlust H_r
proportional dem Quadrat der Geschwindigkeit und damit
dem Quadrat der Fördermenge ist. Setzt man also

$$H_r = K_3 Q^2$$

so erhält man als effektive Druckhöhe H:

$$H = K_1 n^2 + K_2 n Q - K_3 Q^2 \quad \ldots \ldots \text{G)}$$

Dividiert man diese Gleichung durch n^2, so hat man

$$\frac{H}{n^2} = K_1 + K_2 \frac{Q}{n} - K_3 \left(\frac{Q}{n}\right)^2.$$

Es zeigt sich nun wieder, daß dieselbe Gesetzmäßigkeit
wie vorhin auftritt, nämlich, daß wenn

$$\frac{H}{n^2} = a^2$$

auch sein muß

$$\frac{Q}{n} = b.$$

Wie unzählige Versuche zeigten, wird dieses Gesetz durch
das wirkliche Verhalten aller Kreisel streng bestätigt, das
somit auch die theoretische Grundlage der Gebläse bildet. —
Wegen der verschiedenen sich bildenden Wirbeln bei Ände-
rung der äquivalenten Weite, z. B. durch künstliche Drosselung, lassen sich nicht etwa alle Q—H Werte aus einem einzigen Versuch und der obigen Gleichung G) herleiten, sondern
sie müssen aus einer möglichst großen Zahl von Beobachtungen
ermittelt werden. Kennt man aber eine einzige Q—H-Kurve
für eine bestimmte Drehzahl n_1, so ist für jedes beliebige n die
entsprechende Kurve aus der Beziehung leicht zu finden, daß

$$\frac{Q}{n} = \frac{Q_1}{n_1}$$

$$\frac{H}{n^2} = \frac{H_1}{n_1^2}$$

ist, wenn Q_1 und H_1 zusammengehörige Werte für n_1 bedeuten.

Die aus den Versuchen ermittelten $Q-H$-Kurven verlaufen nicht mehr geradlinig, wie es die einfache Theorie für
ideelle Flüssigkeiten darlegt, sondern sie haben gewöhnlich
parabelähnliche Form, wie aus umstehender Fig. 66 zu ersehen
ist, welche die charakteristischen Kurven für ein Gebläse von
1000 mm Flügelraddurchmesser, bei einer äußeren Flügelbreite
von 180 mm darstellt.

Die wirklichen $Q-H$-Kurven für $n = 460$, $n = 540$,
$n = 620$ und $n = 700$ lassen sich nach obigem Gesetze genau
ineinander überführen, was mit Hilfe der eingezeichneten
Parabeln leicht geschehen kann, da diese gleiche äquivalente
Weiten vorstellen, für welche sowohl gilt

$$\frac{Q_1}{n_1} = \frac{Q_2}{n_2} = \frac{Q_3}{n_3} = \frac{Q_4}{n_4},$$

als auch

$$\frac{H_1}{n_1{}^2} = \frac{H_2}{n_2{}^2} = \frac{H_3}{n_3{}^2} = \frac{H_4}{n_4{}^2}$$

Die Pressung bei der Weite Null, also für $Q = 0$, ist
theoretisch

$$H_0 = \frac{\gamma}{g} u_2{}^2,$$

da dann in der Hauptgleichung (S. 120) w_2 verschwindet; es
ist hier vorausgesetzt, daß die Stoßwirkung beim Eintritt vernachlässigt werden kann. Dieser Wert setzt sich zusammen aus
der Wirkung der Zentrifugalkraft $\frac{\gamma u_2{}^2}{2\,g}$ und aus der gleichgroßen
Geschwindigkeitsdruckhöhe. — Bei gewöhnlichen Apparaten
ist dieser Druck sehr viel geringer, da sich hier besonders
der Carnotsche Widerstand bemerkbar macht. Von der im
labilen Gleichgewicht rotierenden Flüssigkeitsmasse lösen sich
einige Mengen von dem Laufrad ab, treten in das Gehäuse
und drängen andere wieder in das Laufrad zurück, wodurch
aber wegen des Stoßverlustes ein großer Teil der Geschwindigkeitsdruckhöhe $\frac{\gamma u_2{}^2}{2\,g}$ verloren geht.

Bezeichnet man die wirklich umgesetzte Geschwindigkeitsdruckhöhe mit

$$\varepsilon \, \frac{\gamma u_2{}^2}{2\,g},$$

so wird unter Berücksichtigung des Zentrifugaldruckes $\dfrac{\gamma\, u_2{}^2}{2\,g}$ die effektive Druckhöhe H_0

$$H_0 = \frac{\gamma\, u_2{}^2}{2\,g} + \frac{\varepsilon\,\gamma\, u_2{}^2}{2\,g}$$

oder

$$H_0 = \frac{\gamma\, u_2{}^2}{2\,g}\,(1 + \varepsilon).$$

Für Laufräder mit langen, schmalen Schaufeln schwankt der Wert von ε zwischen $0 < \varepsilon < 0{,}25$ je nach der Schaufelteilung. Bei engstehenden, kurzen, aber breiten Schaufeln kann ε die Einheit erreichen und bei günstigen Verhältnissen sogar größer werden, so daß die wirkliche Druckhöhe die theoretische noch übertrifft. Diese Erscheinung beruht natürlich darauf, daß Q nicht Null ist, wie vorausgesetzt wurde, sondern daß ein Teil der Flüssigkeitsmasse innerhalb des Laufrades herumkreist, begünstigt durch die große Breite und eventuell Vorwärtsneigung der Schaufeln.

Mit wachsender Liefermenge nimmt der Druck bei gleicher Liefermenge häufig noch etwas zu, um dann nach und nach auf Null abzusteigen. Bei großen Volumenleistungen erhöht sich das mit dem Durchtritt durch das Gebläse verbundene Rauschen, das oftmals in ein lästiges Brummen ausartet, welches die damit behafteten Apparate zum Belüften von Schulen, Theatern, Konzertsälen, Kirchen etc. unbrauchbar macht. —

Ist eine bestimmte Leitung an ein Gebläse angeschlossen, so tritt die wichtige Frage auf nach der Liefermenge und dem Druck, welche bei einer gegebenen Tourenzahl des Ventilators geleistet werden. — Die als bekannt vorausgesetzte Q—H-Kurve ist der geometrische Ort aller hierbei möglichen Q- und H-Werte, folglich werden sich diejenigen auf ihr einstellen, die zugleich auch zusammengehörige Werte der angeschlossenen Leitung sind. Ist $F_{a\iota}$ die äquivalente Weite dieser, so besteht zwischen der Liefermenge und der Druckhöhe die Beziehung

$$Q = 240\, F_{a\iota}\,)\overline{H} \quad . \quad . \quad . \quad . \quad . \quad \text{K)}$$

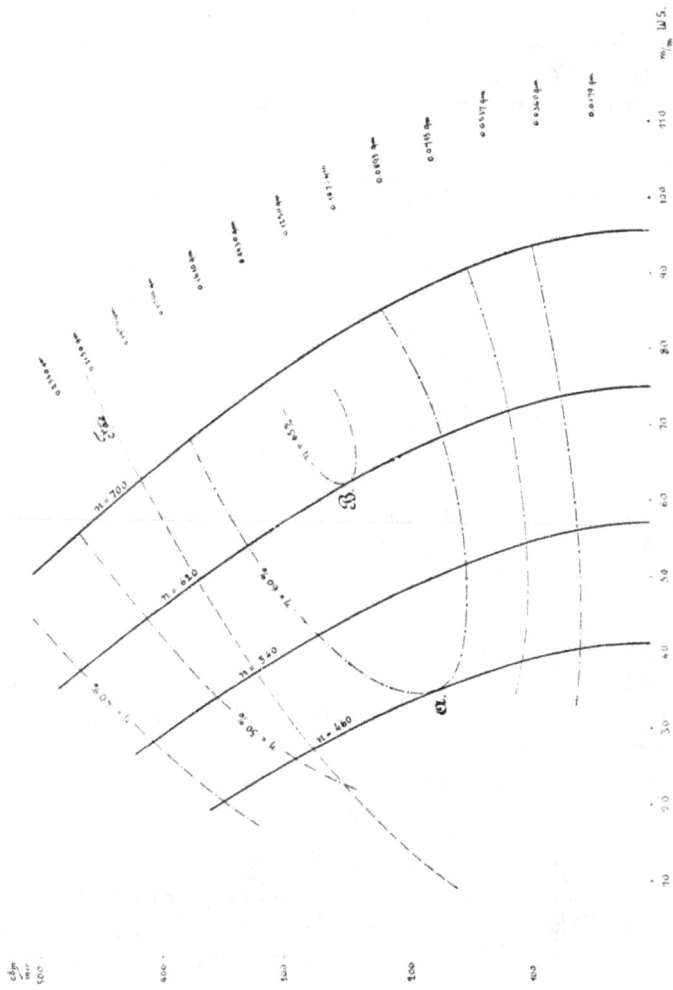

Fig. 66.

Der geometrische Ort aller Q und H der Leitung ist also die bekannte Parabel, deren Schnittpunkt mit der Q—H-Kurve die verlangten Werte ergeben muß, da nur hier ein Gleichgewicht der auftretenden und widerstehenden Kräfte besteht.

In Fig. 66 sind an verschiedenen Parabeln die aus Gl. K) berechneten äquivalenten Weiten angeschrieben und man kann leicht für jede bekannte Leitung die Liefermenge und den Gebläsedruck bei gegebener Drehzahl ablesen, wobei die wichtige Tatsache zu bemerken ist, daß bei gleicher Leitung die Mengen proportional der 1. Potenz, die Drücke proportional der 2. Potenz der Tourenzahlen sind, und daß demnach die gewonnene Leistung proportional der 3. Potenz der Touren steigt und fällt. —

In vielen praktischen Fällen ist der Ventilator nicht an den Anfang oder das Ende einer Leitung geschaltet, sondern er befindet sich zwischen einer Saugeleitung und einer Druckleitung. Es tritt hierbei die wichtige Frage auf, wie groß ist unter diesen Verhältnissen sowohl die minutliche Fördermenge als auch der vom Ventilator erzeugte Unterdruck und Überdruck? Da die Dimensionen der Sauge- und Druckleitung als bekannt angenommen werden, so hat man zunächst deren entsprechende äquivalente Weiten, welche mit F_s bzw. F_d bezeichnet seien. Nach früherem sind beide Leitungen hintereinander geschaltet, und die resultierende Weite F_{ae} ist

$$F_{ae} = F_s \sim F_d.$$

Der Schnittpunkt der zu F_{ae} gehörigen Parabel mit der bekannten Q—H-Kurve des Ventilators ergibt sofort die Liefermenge Q und die Gesamtdruckdifferenz H. Um noch die Teildrücke H_s und H_d an der Sauge- bzw. Druckmündung des Ventilators zu finden, hat man diese aus den Gleichungen

$$Q = 240 \, F_s \, \sqrt{H_s},$$
$$Q = 240 \, F_d \, \sqrt{H_d}$$

zu ermitteln, in welchen neben den gegebenen F_s und F_d auch jetzt die Fördermenge Q bekannt ist, so daß H_s und H_d leicht gefunden werden können. Zur Probe muß die Gesamtdruckhöhe sein:

$$H = H_s + H_d.$$

Als Beispiel möge die oben beschriebene Versuchs-Rohrleitung gewählt werden, welche an die Saugeseite eines Ventilators angeschlossen war, dessen Q—H-Kurven in Fig. 66 dargestellt sind. Die Leitung auf der Druckseite bestand nur in einem kurzen konisch-konvergenten Rohrstück, das eine Auslaßöffnung von 660 mm Durchm. hatte. — Es ist jetzt die Frage, welches Quantum, welcher Unterdruck und Überdruck stellten sich bei einer Drehzahl von $n = 620$ ein?

Die gleichwertige Weite der verzweigten Saugeleitung war wie erinnerlich

$$F_s = 0,2880 \text{ qm.}$$

während die äquivalente Weite der Druckleitung, da fast keine Reibung, sondern nur die Geschwindigkeitsdruckhöhe zu überwinden bleibt, gleich der Auslaßöffnung von 660 mm Durchmesser ist, also

$$F_d = 0,660^2 \, \frac{\pi}{4} = 0,342 \text{ qm.}$$

Die resultierende Weite F_{ae} ergibt sich nach beistehendem Diagramm Fig. 67 zu $F_{ae} = 0,2880 \frown 0,3420 = 0,2200$ qm, welcher in Fig. 66 die schwarz ausgezogene Parabel entspricht.

Fig. 67.

Der Schnittpunkt mit der Q—H-Linie für $n = 620$ liefert ein Quantum

$Q = 370$ cbm/Min. (beobachtet $Q = 378$ cbm/Min.)

und eine Gesamtpressung

$H = 49,2$ mm WS. (beobachtet $H = 52,5$ mm WS.).

Aus den Gleichungen

$$H_s = \left(\frac{Q}{240\,F_s}\right)^2 = \left(\frac{370}{240 \cdot 0,2880}\right)^2$$

und

$$H_d = \left(\frac{Q}{240\,F_d}\right)^2 = \left(\frac{370}{240 \cdot 0,342}\right)^2$$

findet man endlich

$H_s = 28,8$ mm WS. (beobachtet $H_s = 30$ mm WS.)

$H_d = 20,4$ mm WS. (beobachtet $H_d = 22,5$ mm WS.)

Aus dem Vergleich mit den bei den Leitungsversuchen beobachteten Klammerwerten geht die praktisch gute Übereinstimmung mit der Berechnung hervor.

Zu der obigen Darstellung ist noch folgende, vom theoretischen Standpunkte aus interessante Erscheinung zu erwähnen: Setzt man anstatt F_s den Wert F_d und an Stelle von F_d die Weite F_s, d. h. vertauscht man die an einen Ventilator angeschlossenen, aber umkehrbaren Leitungen, so ändert sich F_{ae} nicht, da

$$F_{ae} = F_s \sim F_d = F_d \sim F_s,$$

und damit ändern sich auch nicht die Liefermenge und die Gesamtdruckhöhe. Da aber

$$Q = 240 \, F_d \, \sqrt{H_d}$$
$$Q = 240 \, F_s \, \sqrt{H_s},$$

ist, so vertauschen sich einfach die Teildrücke: was vorher Überdruck war, wird jetzt Unterdruck, und was Unterdruck war, wird jetzt Überdruck. —

Eine bis jetzt noch nicht erwähnte Größe, welche für die Beurteilung der Gebläse sehr maßgebend ist, ist der Nutzeffekt als Verhältnis der wirklich umgesetzten Arbeit zur eingeleiteten Arbeit. Bei allen Rotations-Arbeitsmaschinen ist die Höhe des Wirkungsgrades abhängig von der Größe der Liefermenge und der erzeugten Druckhöhe, welche zusammen einen Punkt darstellen, der sich je nach den Betriebsbedingungen in der Q—H-Ebene bewegen kann. Im allgemeinen ist ein besonderer Linienzug ausgezeichnet und auf diesem ein Punkt, in dem der höchste Wirkungsgrad auftritt. Bei Gebläsen mittlerer Größe und mittlerer Ausführung beträgt dieser 65—70%, er kann aber bei großen, gut gebauten Maschineneinheiten 80 % und mehr erreichen. Das Q—H-Diagramm ist nun sehr geeignet, einen klaren Überblick über die Verteilung der Nutzeffekte zu geben. Trägt man in jedem Punkt den Wert von η auf entsprechend

$$\eta = \frac{Q \cdot H}{75 \cdot 60 \cdot N}$$

und verbindet die Wirkungsgrade gleicher Größe durch Niveaulinien, so erhält man Nutzeffektlinien, wie in Fig. 66

für $\eta = 65\%$, 60%, 50%, 40% dargestellt ist. Diese Kurven, mit im allgemeinen elliptischer Form, umschließen den Höchstwert, der, plastisch gesprochen, auf der Kuppel liegt. — Wie man aus der typischen Darstellung Fig. 66 ersieht, hat jede Q—H-Kurve einen relativ höchsten Wirkungsgrad, der naturgemäß in die Berührungsstelle dieser Kurve mit einer η-Kurve fällt, z. B. für $n = 460$ in den Punkt A; für $n = 620$ in den Punkt B. Mit praktischer Genauigkeit darf angenommen werden, daß A und B sowie sämtliche andere relative Höchstwirkungsgrade auf einer Parabel liegen, wodurch ausgesprochen ist, daß es für jeden Apparat eine bestimmte äquivalente Öffnung $F\eta_{max}$ gibt, bei welcher dieser wirtschaftlich günstig arbeitet.

Ist eine Q—H-Kurve gegeben oder im voraus berechnet (vgl. z. B. des Verfassers Abhandlung über Zentrifugalpumpen und Ventilatoren), so ist man in der Lage, bei einiger Übung $F\eta_{max}$. ziemlich genau anzugeben: Aus einer großen Reihe von Versuchen hat der Verfasser gefunden, daß die wirtschaftliche Weite stets um einen gewissen Betrag kleiner ist wie diejenige, bei welcher die größte mechanische Leistung ausgeübt wird, und zwar besteht die Beziehung

$$F_{\eta \, max} = c \cdot F_{L \, max},$$

wo die Konstante c je nach der Art und der Ausführung der Apparate zwischen 0,6 und 0,8 liegt. Nun läßt sich aber $F_{L \, max}$ leicht bestimmen, besonders wenn man, wie in Fig. 66, über eine Schar gleichseitiger Hyperbeln verfügt, durch deren Berührungspunkte mit den Q—H-Kurven schon die der maximalen Leistung entsprechende Parabel festgelegt ist. Der Beweis hierzu ist einfach, da die Leistung L ausgedrückt wird durch

$$L = c_1 Q \cdot H.$$

Ist $Q \cdot H$ konstant, was eine Hyperbel darstellt, so ist auch L unveränderlich, und eine Q—H-Kurve wird im allgemeinen durch eine solche Linie konstanter Leistung in zwei Punkten geschnitten. Rücken diese zu einem Berührungspunkt zusammen, also dann, wenn die dazugehörige Hyperbel am weitesten vom Ursprung entfernt ist und damit die größte Leistung aufweist, so muß auch diesem die maximale Leistung zukommen. Eine durch diesen Punkt gezogene Parabel entspricht als geometrischer Ort aller derartigen Berührungspunkte, wie leicht zu beweisen, der Öffnung maximaler Leistung, und aus dieser läßt sich dann leicht die gesuchte Weite $F\eta\,{}_{\max}$ folgern.

Arbeitet nun ein Gebläse bei angeschlossener Leitung, so ist sofort klar, daß nur dann die größte Wirtschaftlichkeit zu erzielen ist, wenn deren gleichwertige Weite den Wert besitzt:

$$F_{ae} = F\eta\,{}_{\max}.$$

Ist diese einfache Beziehung nicht erfüllt, so sind das Gebläse und die Leitung nicht wirtschaftlich aufeinander „abgestimmt", und es treten unter allen Umständen Verluste ein. Bei der obigen Versuchsleitung z. B. ist $F_{ae} = 0{,}2200$ qm und man erkennt aus Fig. 66, daß der zu den Versuchen benutzte Ventilator durchaus nicht wirtschaftlich mit der Gesamtleitung gearbeitet hat, da er nur ein $F\eta_{\max} = 0{,}1350$ qm aufweist. Der erreichte Wirkungsgrad lag deshalb nur zwischen 50 und 60 %, gegenüber einem wirklich erreichbaren Nutzeffekt von 66 %. Mit Rücksicht auf die kurze Dauer der Versuche war natürlich die Einstellung auf die günstigste Kraftausnutzung nicht erforderlich. Für Dauerbetrieb jedoch hätte notwendigerweise ein größerer Ventilator gewählt werden müssen.

Nach den gemachten Erfahrungen tritt in der Praxis häufig die umgekehrte Erscheinung auf, daß nämlich meistens Gebläse verwendet werden, welche z u g r o ß sind. Hierbei ist die Kraftausnutzung wieder zu gering, und zu den ständigen Betriebsauslagen kommen noch höhere Anlagekosten, als in der Tat erforderlich wären.

Werden also bei Anlagen aller Art die Leitungen nach den früher aufgestellten wirtschaftlichen Grundsätzen projektiert, und wird ferner darauf geachtet, daß die an jene angeschlossenen Gebläse entsprechend den aufgestellten Bedingungen arbeiten, so ist es leicht, mit einem Minimum von Kraftaufwand jede gewünschte Wirkung mit Sicherheit zu erreichen.

15. Die Messung von Druck und Geschwindigkeit in Röhren und Kanälen.

Um die vorliegende Abhandlung zu beschließen, erscheint es angebracht, noch im Überblick die Messung des Druckes und der Geschwindigkeit von Luft und Gasen in Schwachdruckleitungen zu behandeln. In den früheren Abschnitten, besonders bei der Untersuchung einer mit Unterdruck arbeitenden verzweigten Rohrleitung wurden Ergebnisse solcher Messungen erwähnt, deren Methoden hier noch klargestellt werden sollen.

So einfach an und für sich die Ausführung solcher Versuche ist, so findet man doch bei deren Begründung und Rechtfertigung in der Praxis oftmals die verschiedensten Ansichten, und zwar sowohl bei der Geschwindigkeits- wie bei der Druckmessung. Der Grund hierfür liegt wohl in der natürlichen Schwierigkeit der Erkenntnis hydrodynamischer Vorgänge, welchem Umstand, wie früher schon angedeutet, auch zum Teil die Unsicherheit der experimentell bestimmten Reibungskoeffizienten zuzuschreiben ist. Hierzu kommt noch eine verschiedene Auffassung und Verwendung von Begriffen, die der Physik entnommen sind, welche aber mit der Zeit durch die technische Literatur eine mehr willkürliche Auslegung erlangten. So ist z. B. der „hydrostatische Druck" zu erwähnen, der schon im Jahre 1738 durch D. Bernouilli präzis definiert wurde und heute in der Physik allgemein diejenige Pressung bedeutet, welche zwei benachbarte Massenteilchen einer Flüssigkeit w ä h r e n d d e r R u h e aufeinander ausüben, im Gegensatz zum „hydro-

dynamischen Druck", welcher die Pressung dieser Teilchen
während der Bewegung ist. — Dem entgegen
findet man aber in der Literatur häufig die letztere mit stati-
schem Druck bezeichnet, während mit hydrodynamischer
oder kurz dynamischer Pressung vielfach die auftretende
Geschwindigkeitsdruckhöhe gemeint ist.

Diese begrifflichen Verschiebungen, im Verein mit weiteren
nicht genügend definierten Benennungen, wie „Staudruck-
höhe" usf. gestatten nicht eine leichte Verständigung und
verschulden, daß oft wichtige Messungen in eigener Art ausgeführt und diese alsdann je im günstigsten Sinne gedeutet
werden. — Der Einheitlichkeit wegen ist es durchaus nötig,
die in der Physik gebrauchten Benennungen auch bei den
entsprechenden Problemen der Technik zu verwenden, und
deshalb sind selbstverständlicherweise auch hier die z. B.
von Bernouilli gegebenen Bezeichnungen anzuwenden.

1. Die Messung des Druckes.

Frägt man nach dem Druck einer in einer Leitung strömenden Flüssigkeit, so ist unter der Voraussetzung, daß
die Strömung stationär ist, d. h. daß sie von der Zeit unabhängig erfolgt, noch die Angabe des Ortes nötig, an welchem
der Druck festgestellt werden soll. Jm Sinne der Physik
kann es sich alsdann nur um den „hydrodynamischen Druck"
handeln, d. h. um die innere Pressung p_i, mit welcher die
Flüssigkeit behaftet ist, und welche z. B. ein mitfließendes
Federmanometer an dieser bestimmten Stelle anzeigen würde.
— Da es sich bei sämtlichen hier in Betracht kommenden
Problemen ausdrücklich um Strömung handelt, so scheidet
natürlich der Begriff des statischen Druckes aus, weil dieser
die Pressung der Flüssigkeit nur im Zustande der Ruhe kennzeichnet.

Gegenüber dieser physikalischen Auffasssung ist es in der
Technik üblich, drei verschiedene Drücke an derselben Stelle
zu unterscheiden, nämlich 1. den hydrodynamischen Druck
(fälschlich statischer Druck genannt); 2. den Geschwindigkeitsdruck (fälschlich dynamischer Druck genannt) und

3. den Gesamtdruck, als Summe der beiden ersten, entsprechend der Gleichung

$$p = p_i + \frac{\gamma\, v^2}{2\, g}.$$

Es ist klar, daß, abgesehen von dem hydrodynamischen Druck p_i, die beiden anderen Druckbezeichnungen keine eigentlichen Pressungen sind, sondern nur die in Druck, oder besser gesagt, in Druckhöhe ausgesprochene Arbeitsfähigkeit der Volumeinheit. Wird nämlich nur die Bewegung der Masse in Betracht gezogen, so ist die kinetische Energie der Volumeinheit $\frac{\gamma\, v^2}{2\, g}$; handelt es sich aber um die gesamte Energie dieser Volumeinheit, so ist hierzu noch der Arbeitsgehalt infolge des inneren Druckes zu addieren, so daß also $p = p_i + \frac{\gamma\, v^2}{2\, g}$ ist. Der Sinn dieser wichtigen Beziehung tritt deutlicher hervor, wenn man an Stelle der Volumeinheit das Volumen V schreibt; alsdann hat man die Arbeitsgleichung

$$p\, V = p_i\, V + \frac{\gamma\, V}{g}\, \frac{v^2}{2}.$$

Der mit $\frac{v^2}{2}$ multiplizierte Term stellt, wie schon angedeutet, die kinetische Energie der Masse $\frac{\gamma\, V}{g}$ dar, während die beiden anderen Größen sozusagen „Kolbenarbeiten", nämlich Kraft $\times$ Weg bedeuten. — Es ist nicht unwichtig zu bemerken, daß die obige Gleichung streng genommen nur für unzusammendrückbare Substanzen gültig ist, weil für zusammendrückbare Flüssigkeiten noch die Arbeit berücksichtigt werden muß, welche durch die eigene Ausdehnung der ins Auge gefaßten Volumeneinheit erfolgt. Für die hier in Betracht kommenden geringen Druckdifferenzen verhalten sich jedoch die Luft, sowie sämtliche Gase, fast genau wie inkompressible Flüssigkeiten, und die obige Beziehung bedarf deshalb hier keiner Korrektur.

Unter p und p_i waren bis jetzt Drücke verstanden, die sich auf das absolute Vakuum bezogen; da die Messungen mittels Wassermanometers meistens in dem atmosphären-

druck-erfüllten Raum vorgenommen werden, ist es zweckmäßiger, die Pressung auf diesen zu beziehen. Durch Sub-
traktion des Atmosphärendruckes A auf beiden Seiten der
obigen Gleichung hat man

$$p - A = p_i - A + \frac{\gamma\, v^2}{2\, g}$$

oder auch

$$H = H_i + \frac{\gamma\, v^2}{2\, g},$$

wo jetzt H_i und H resp. der hydrodynamische Druck und
der Gesamtdruck, auf die Atmosphäre bezogen, darstellen. —
Es ist üblich, diese Drücke bei den hier zu betrachtenden
Untersuchungen in Millimeter Wassersäule anzugeben, ebenso
den Geschwindigkeitsdruck $H_v = \frac{\gamma\, v^2}{2\, g}$, woraus, wie schon früher
abgeleitet, die Geschwindigkeit von Luft normaler Beschaffen-
heit aus der Formel $v = 4\,\sqrt{H_v}$ gefunden wird.

Für die Praxis von größter Wichtigkeit ist es nun, daß
man ohne weiteres in der Lage ist, den Gesamtdruck H für
normale Verhältnisse zu messen. Man hat nur nötig, eine
Pitotröhre dem Luft- oder Gasstrom entgegenzuhalten und
den sich hierbei einstellenden Druck mittels des bekannten
W ssermanometers, eines U-förmigen, mit Wasser gefüllten
Rohres zu messen. Ein theoretischer Beweis hierfür läßt
sich z. B. mit Hilfe der Hydrodynamik erbringen, es soll aber
hiervon abgesehen werden, da einfach anzustellende Versuche
leicht die Überzeugung bringen. Hier sei z. B. an die am
Schlusse des 5. Abschnittes besprochene Erscheinung erinnert,
daß die unmittelbar auf eine Pitotröhre (Stellung II in Fig. 27)
aufprallende Luft, trotz hoher Geschwindigkeit, keinen Druckausschlag zu erzeugen vermag. Jnfolge des kurzen Weges
ist die Reibung sehr gering und die Gesamtenergie der strömenden Luft hat sich gegenüber derjenigen der ruhenden
Luft des Außenraumes, in welcher sich die freie Oberfläche
des Wassermanometers befindet, kaum verändert; gerade
aus diesem Grunde erfolgt aber kein Druckausschlag, da
dieser unmittelbar ein Zeichen dafür wäre, daß auf der einen
Seite ein Energieüberschuß vorhanden sei.

Steht die Pitotröhre dem Strom nicht entgegen, sondern etwa senkrecht dazu, so zeigt das Manometer auch nicht mehr die Gesamtpressung an. Es ist nun eine weitverbreitete, aber keineswegs begründete Anschauung, daß bei dieser Stellung, besonders aber dann, wenn die Pitotröhre glatt mit der Rohrwandung abschneidet, vgl. Fig. 68, der innere Flüssig-

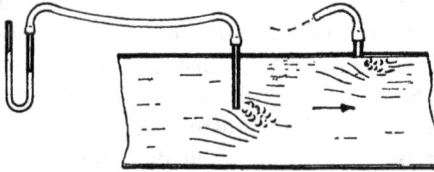

Fig. 68.

keitsdruck, also die hydrodynamische Pressung gemessen werden könnte. Infolge der Störung der Flüssigkeitsbewegung durch den Rand der Meßröhre werden Wirbelungen erzeugt, welche teils saugend, teils drückend auf das Manometer wirken und dieses zu einem Ausschlag bringen können, der unter Umständen ganz beträchtlich von demjenigen des inneren Druckes abweicht. — Es ist nicht uninteressant zu bemerken, daß der Grundgedanke, von dem wohl diese unrichtige Ansicht abgeleitet wurde, in der Tat richtig ist, nämlich daß ein Flüssigkeitsstrom auf seine Umgebung den hydrodynamischen Druck ausübt, unter der Bedingung allerdings, daß keinerlei Stauwirkungen auftreten.

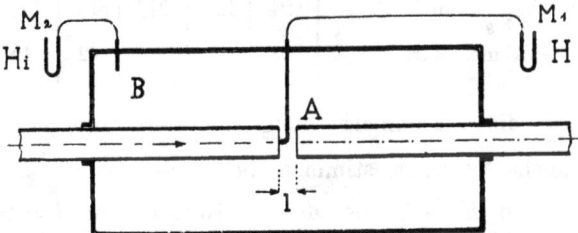

Fig. 69.

Um dieses wichtige Prinzip an einem Versuch zu zeigen, wurden an der Technischen Hochschule in Darmstadt, im Maschinenbau-Laboratorium des Lehrstuhls IV (Vorstand Prof.

L. v. Roeßler) Messungen von Druck und Geschwindigkeit an umstehender schematisch dargestellten Vorrichtung (Fig. 69) ausgeführt. Um ein bei A unterbrochenes Rohr von 145 mm Durchmesser war ein luftdicht schließender Behälter von ca. 1,3 cbm Jnhalt herumgelegt. Atmosphärische Luft wurde mittels Exhaustors nach rechts durch das Rohr hindurchgesaugt, dessen linker Teil verschoben werden konnte, um die Spaltlänge l zu verändern. Durch Drosselung der Ansaugeöffnung war man in der Lage, verschiedene Drücke einzustellen. — Den Gesamtdruck H an der Stelle A zeigte, durch ein dem Strom entgegenstehendes Pitotrohr, das Manometer M_1 an, während der Behälterdruck durch das Manometer M_2 an der Stelle B gemessen wurde. Stellte sich hier nun der hydrodynamische Druck H_i ein, so mußte $H - H_i$ gleich der Geschwindigkeitsdruckhöhe sein, welche zur Kontrolle aus der von dem Exhauster gelieferten Menge ermittelt werden konnte.

Tabelle VI.

1.	Länge des Freistrahles	$l = 90$ mm		$l = 50$ mm		$l = 2$ mm	
2.	Druck H mm W.S. . . .	—85	—17	—85	—17	—62	—13
3.	Druck H_i mm W.S. . . .	—108	—58	—109	—59	—77	—43
4.	Luftmenge cbm/Min. . .	19,4	25,15	19,45	24,85	16,7	21,8
5.	Geschwindigkeit v m/Sek.	19,6	25,4	19,7	25,1	16,9	22
6.	Druck $\dfrac{\gamma\,v^2}{2\,g}$ mm W.S. . .	24	40,5	24,2	39,5	17,8	30,2
7.	$H - H_i$ mm W.S.	23	41	24	42	15	30

Wie die Zusammenstellung der Versuchsergebnisse in der Tabelle VI zeigt, stimmen die Werte von $\dfrac{\gamma\,v^2}{2\,g}$ mit denjenigen von $H - H_i$ bei den Freistrahllängen $l = 90$ mm, 50 mm und 2 mm im ganzen gut überein; da die Druckmessung H nur an einer Stelle, in der Mitte des Rohres vorgenommen wurde, so finden die nicht allzu großen Unterschiede wohl ihre Erklärung. — Hiernach teilt sich also der innere Druck dem umliegenden Raume mit, und zwar noch sicher durch eine Öffnung hindurch, welche einer kreisrunden Fläche von ca. 34 mm Durchmesser entspricht.

Wie schon bemerkt, gab vielleicht die richtige Erkenntnis dieser Erscheinung die Veranlassung zu der irrtümlichen Auffassung, daß eine einfache Anbohrung der Leitung in Verbindung mit einem Manometer gleichfalls den inneren Druck ergeben müsse. Berücksichtigt man aber, daß z. B. im ersteren Falle die eventuell auftretenden Flüssigkeits-stöße, vermöge der Carnotschen Widerstände in dem großen Raume sofort vernichtet werden, und daß überhaupt hier leicht ein Ausgleich der störenden Wirkungen erfolgen kann, während bei der direkten Einführung der Pitotröhre die Wirbelungen etc. sonst unmittelbar das Manometer beein-flußen, so erkennt man sofort das Unzulässige der letzteren Anordnung! (Vgl. hierüber auch „Die Mitteilungen der Prü-fungsanstalt für Heizungs- und Lüftungseinrichtungen der Technischen Hochschule Berlin", Heft 1, S. 34 u. f.)

Der Übersicht wegen seien einige Druckmessungen an einer einfachen Leitung zusammengestellt, vgl. Fig. 70.

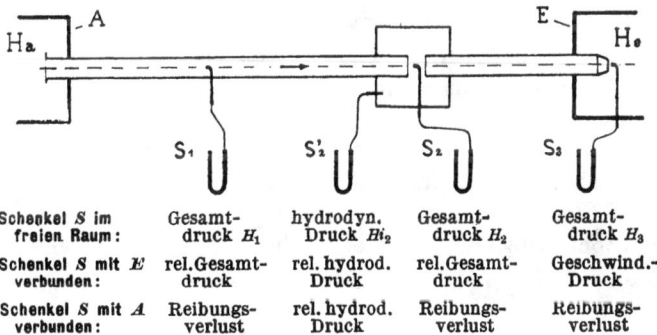

Schenkel S im freien Raum:	Gesamt-druck H_1	hydrodyn. Druck H'_2	Gesamt-druck H_2	Gesamt-druck H_3
Schenkel S mit E verbunden:	rel. Gesamt-druck	rel. hydrod. Druck	rel. Gesamt-druck	Geschwind.-Druck
Schenkel S mit A verbunden:	Reibungs-verlust	rel. hydrod. Druck	Reibungs-verlust	Reibungs-verlust

Fig. 70.

Wie zu erkennen ist, strömt die Flüssigkeit aus dem Ge-fäß mit höherem Drucke H_a nach demjenigen mit geringerem Drucke H_e. Um je den Gesamtdruck H an den verschiedenen Stellen zu messen, sind die Meßröhren überall dem Flüssig-keitsstrome entgegengerichtet und bestimmen diesen relativ zum Außendruck, falls die Manometerspiegel in den Schenkeln

S_1, S_2, S_3 sich in freier Atmosphäre befinden. Stehen diese jedoch unter dem gleichen Drucke wie H_e, so stellt sich jeweils, entsprechend der jetzt auf den Raum E bezogenen Gesamtenergie, auch ein relativer Gesamtdruck ein, der, falls eine reine Ü b e r d r u c k l e i t u n g vorliegt, also wenn in E Atmosphärendruck herrscht, wieder zum Gesamtdruck im gewöhnlichen Sinne wird.

Sind die Spiegel in S dagegen mit dem Raume A in Verbindung, so wird unmittelbar der Reibungsverlust gemessen, und zwar deshalb, weil der durch den Druckunterschied gekennzeichnete Energieverlust den Unterschied der Gesamtenergien darstellt, welcher nur in Reibungsarbeit umgesetzt sein kann. Herrscht Atmosphärendruck jetzt im Raume A, so entspricht die Anordnung einer reinen S a u g e - l e i t u n g, wie sie in verzweigtem Zustand im 7. Abschnitte untersucht wurde.

Der Druckhöhenverlust infolge Reibung ist dort mit Hilfe einer Stauscheibe festgestellt worden, bei welcher nur die gegen den Strom gerichtete Öffnung mit dem Wassermanometer in Verbindung stand, was erfahrungsgemäß dieselben Werte wie bei der Pitotröhre ergibt. (Vgl. auch Heft 1 der obengenannten „Mitteilungen etc.", S. 45.)

Es ist vielleicht nicht unnütz, an dieser Stelle nochmals auf die, bei der verzweigten Unterdruckleitung gefundenen Ergebnisse zurückzukommen, deren äquivalente Gesamtweite, wie erinnerlich, entsprechend der Messung zu 0,2880 qm und gemäß der Berechnung zu 0,2830 qm ermittelt wurde. Da der Rohrquerschnitt an der Stelle 22 nur eine Weite von

$0,599^2 \dfrac{\pi}{4} = 0,2818$ qm besitzt, und somit die Geschwindigkeits-

druckhöhe der daselbst gemessenen 378 cbm/Min. Luft 31,4 mm W. S. beträgt, so erscheinen die obigen Werte auf den ersten Blick merkwürdig, namentlich, wenn man glaubt annehmen zu müssen, daß der Ventilator, neben dem zu schaffenden Vakuum auch den Geschwindigkeitsdruck aufzubringen habe. Bedenkt man aber nach Vorstehendem, daß der Unterdruck von ·30 mm W. S. den reinen Reibungsverlust darstellt und nicht etwa den inneren, hydrodynamischen Druck der Strö-

mung, weil wegen des „Aufstauens" die Geschwindigkeitsdruckhöhe zurückgewonnen wird, so kommt man zur Überzeugung, daß die experimentell bzw. rechnerisch gefundene
äquivalente Weite als „Reibungsweite" ganz sicher auftreten kann.

Anders läge der Fall, wenn der Querschnitt 22, als End-
querschnitt, in einen großen Raum mündete; jetzt wäre die
gesamte Äquivalenz der Leitung

$$F_{ae} = 0{,}2880 \sim 0{,}2818 = 0{,}2012 \text{ qm}$$

und für die Menge von 378 cbm/Min. wäre jetzt ein Vakuum
in diesem Raume nötig von

$$H_s' = \left(\frac{378}{240 \cdot 0{,}2012}\right)^2 = 61{,}4 \text{ mm W. S.}$$

Für die äquivalente Weite der Leitung, als Saugeöffnung
des angeschlossenen Ventilators, kommt jedoch nur die Reibungsweite 0,2880 qm (oder rechnerisch 0,2830 qm) in Betracht,
denn von dieser und nicht von dem Wert 0,2012 qm hängt
die, in diesem Falle negative Gesamtenergie ab, mit welcher
die Luft dem Ventilator zufließt.

Um noch, mit Rücksicht auf die Wichtigkeit dieser Frage,
den extremen Fall anzudeuten, denke man sich eine Saugeleitung, welche nur in einem zweckmäßig gestalteten An-
saugetrichter besteht, und man wird sich nach Früherem
leicht überzeugen, daß die äquivalente Weite dieser sehr
kurzen Leitung unendlich groß ist, und nicht, wegen der
Eintrittsgeschwindigkeit in den Ventilator, gleich dessen
Saugeöffnung.

2. Die Messung der Geschwindigkeit.

Bei allen Untersuchungen, die sich auf das Strömen von
Flüssigkeiten beziehen, kommt die Größe der Geschwindigkeit vor allen Dingen in Frage, und dies gilt besonders auch
bei der Strömung in Schwachdruckleitungen, teils weil die
Geschwindigkeit Selbstzweck ist (z. B. bei der Materialförderung), teils weil bei gegebenem Querschnitt von ihr die Größe
des Quantums, welches zu den verschiedensten Zwecken

gefördert werden soll, unmittelbar abhängt. — Kennt man
die mittlere Geschwindigkeit in einem bestimmten Querschnitt eines Leitungsstranges, so kennt man vermöge der
Kontinuitätsbedingung auch die mittleren Geschwindigkeiten
in sämtlichen anderen Querschnitten der Leitung, wie diese
sonst gestaltet sein mögen. Da alle Gase und auch die Luft
hier als inkompressibel gelten können, denn die Ausdehnung
bei isothermischem, also bei dem ungünstigsten Vorgange,
beträgt bei einer Entspannung um 500 mm W. S. nur 5 %,
so ist aus diesem Grunde die Kontinuitätsbedingung einfach:

$$F v = F_1 v_1 = F_2 v_2 = \text{etc.},$$

wo F und v zusammengehörige Werte eines Querschnittes
sind.

Um nun die wichtige Größe der mittleren Geschwindigkeit in einer Rohrleitung festzustellen, ist es nötig, neben der
Verteilung über einen Querschnitt, die einzelne Geschwindigkeit selbst zu bestimmen. Im ersten Abschnitt wurde bemerkt,
daß bei der geregelten Strömung deren Auftreten in einem
z. B. kreisrunden Querschnitt paraboloidisch erfolgt; es ist
aber sofort klar, daß dieses Gesetz bei der turbulenten Bewegung nicht mehr zutrifft. Soweit die Versuche bis heute
erkennen lassen, hat die Geschwindigkeitsfläche, das ist der
geometrische Ort der Endpunkte der aufgetragenen Geschwin-
digkeitsstrecken, ziemlich flachen Verlauf, so daß zu ihrer
praktischen Ausmittelung gewöhnlich nicht allzuviele Punkte
nötig sind.

Was nun die Messung der Geschwindigkeit anbelangt,
so ist zunächst hervorzuheben, daß in der Praxis namentlich zwei Methoden geübt werden, die sich nach der Größe
der zu messenden Geschwindigkeiten richten:

Für niedere Geschwindigkeiten, bis zu etwa 8 bis 10 m/Sek.,
werden die bekannten Anemometer verwendet, die, wenn
sie zweckmäßig gebaut und in richtiger Weise geeicht sind,
zuverlässige Werte ergeben. Bei wesentlich schnelleren Bewegungen kommen sie indessen nicht mehr in Frage, da alsdann
ihre große Eigenreibung eine bedeutende Unsicherheit in die
Ergebnisse einführt, und weil sie außerdem infolge ihrer

Raumbeanspruchung zu Messungen in nicht ganz weiten Leitungen ungeeignet sind. Die Anemometer werden benutzt zur Feststellung der Geschwindigkeit in Schornsteinen, in Öfen, in Trockenräumen etc., besonders aber finden sie Verwendung zur Kontrolle der Wettermengen in Gruben, in deren Bauen nur relativ mäßige Geschwindigkeiten herrschen, die infolge der Wetterpolizeiverordnung, wenigstens was die belegten Baue anbelangen, höchstens 6 m/Sek. betragen dürfen.

Bei Rohrleitungen im gewöhnlichen Sinn, in denen meistens bedeutend raschere Strömungen auftreten, wird an Stelle der anemometrischen Methode mit Vorteil die sog. „manometrische Messung" angewendet, die, nebenbei bemerkt, auch bei der Untersuchung der obigen Zweigrohrleitung benutzt wurde. Das Prinzip dieser Methode ist einfach, es besteht darin, daß man zwei Bedingungsgleichungen zu erhalten sucht, aus ihnen den inneren oder hydrodynamischen Flüssigkeitsdruck eliminiert und mit Hilfe des verbleibenden Druckes die Geschwindigkeit ermittelt. Als eine dieser Bedingungsgleichungen kann z. B. die bekannte Beziehung aufgefaßt werden:

$$H = H_i + \frac{\gamma\, v^2}{2\,g},$$

wobei die Gesamtpressung H durch eine dem Flüssigkeitsstrom entgegengehaltene Pitotröhre angezeigt wird. Benutzt man nun eine zweite Meßröhre, welche eine andere Richtung innehat, die z. B. senkrecht zur Strömung stehen oder auch mit ihr gleichgerichtet sein kann, so wird das Manometer einen Druck anzeigen

$$H_1 = H_i - \varepsilon \frac{\gamma\, v^2}{2\,g},$$

worin ε einen Erfahrungswert darstellt, der eben von dieser Richtung und auch von der Beschaffenheit der Meßröhre abhängt. Subtrahiert man nun die beiden. Gleichungen, so erhält man

$$H - H_1 = \frac{\gamma\, v^2}{2\,g}\,(1 + \varepsilon)$$

und hierin ist der hydrodynamische Druck ausgeschaltet.

Läßt man die Drücke H und H_1 je auf einen Schenkel eines Wassermanometers wirken, so kann man unmittelbar die Differenz $H - H_1 = H_w$ ablesen, und aus

$$H_w = \frac{\gamma}{2} \frac{v^2}{g} (1 + \varepsilon)$$

findet sich sofort die Geschwindigkeit, falls der Erfahrungswert ε festgelegt ist. Aus einer großen Anzahl von Versuchen darf es als erwiesen betrachtet werden, daß ε innerhalb der vorkommenden Geschwindigkeiten eine Konstante ist. Diese Erscheinung beruht, wie auch das Verhalten sämtlicher Schleuderapparate, auf der Ähnlichkeit der Strömungsvorgänge in dynamischer Beziehung, welche vorläufig die einzige Unterlage für eine praktische Berechnung bildet. Daß dieselbe Gesetzmäßigkeit bei der geregelten Bewegung, also bei im allgemeinen sehr geringen Geschwindigkeiten, nicht mehr zutrifft, bedarf wohl nach Früherem keiner weiteren Erörterung.

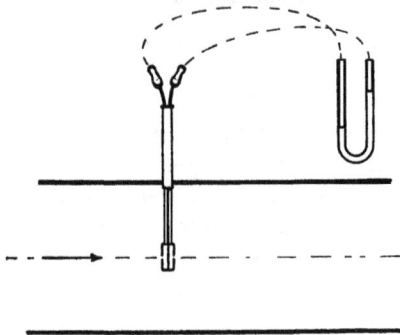

Fig. 71.

Sämtliche Instrumente der manometrischen Methode gründen sich auf die beiden obigen Gleichungen und unterscheiden sich gewöhnlich nur durch die Stellung des die zweite Gleichung bedingenden Pitotrohres. Wegen einer größeren Unempfindlichkeit gegen Beschädigungen u. dgl. findet man in der Praxis öfters die sog. „Recknagelsche Stauscheibe" verwendet, welche Fig. 71 zeigt. Wie schon erwähnt, gibt die

Vorderseite allein die Gesamtdruckhöhe H genau wie eine gewöhnliche Pitotröhre an. Was die Rückseite anbelangt, so ist nach Versuchen des Verfassers der obige Koeffizient für einen Kopfdurchmesser von ca. 11 mm, $\varepsilon = 0{,}56$, so daß also

$$H_w = 1{,}56 \, \frac{\gamma \, v^2}{2 \, g}.$$

Für Luft normaler Beschaffenheit findet sich hieraus:

$$v = 3{,}2 \, \sqrt{H_w}.$$

Neben der Stauscheibe kommen noch andere Apparate in Betracht, von denen derjenige von Prandtl, wie derjenige von Brabbée zu erwähnen sind. Vgl. u. a. die oben erwähnten „Mitteilungen etc.".

In bezug auf die Anemometer haben alle diese Apparate den unverkennbaren Vorteil, daß sie keine bewegten Massen besitzen, daß sie in der Meßfläche nicht sperrig wirken, und daß sie ferner jederzeit leicht kontrolliert werden können. Da indessen kleine Geschwindigkeiten nur sehr geringe Druckausschläge verursachen, so vermögen sie nicht überall die Anemometer zu ersetzen.

Zur Bestimmung der Luftmenge in einer gegebenen Leitung ist an das Verhalten der manometrischen Instrumente noch eine Bedingung zu knüpfen, welche bislang noch nicht erwähnt wurde. Da hier die Strömung nach Früherem gewöhnlich nicht in Parallelbewegung erfolgt, so ist von vornherein zu erwarten, daß die, die Drücke aufnehmenden Öffnungen nicht immer in senkrechter Richtung getroffen werden. Bedeutet φ den Winkel, unter welchem die Geschwindigkeit v auftrifft, und ist v_n deren Komponente in Richtung der Rohrachse, so ist die, durch die Querschnittseinheit hindurchgehende Menge proportional v_n und damit auch proportional $v \cdot \cos \varphi$. Nun sollte jeder Meßapparat, da er ja stets achsial eingestellt wird, die Eigenschaft haben, daß er immer den zu v_n gehörigen Druck anzeigt, wie auch die Stromrichtung sonst verlaufen mag. — Bedeutet nun a die Meßkonstante, so ist bei achsialer Strömung

$$v = a \, \sqrt{H_w}.$$

Soll nun bei schiefem Auftreffen eine Druckhöhe H_n angezeigt werden, so daß die a x i a l e Geschwindigkeitskomponente hiernach unmittelbar gefunden wird, also daß

$$v_n = a \sqrt{H_n},$$

so muß, da

$$v_n = v \cos \varphi$$

ist,

$$H_n = H_w \cos^2 \varphi$$

sein. — Denkt man sich nun alle, bei gleicher Geschwindigkeit, aber schiefem Auftreffen hervorgerufenen Druckausschläge von einem Punkt aus entgegengesetzt der Stromrichtung aufgetragen, so erhält man ein anschauliches Bild, eine Art Charakteristik des Instrumentes, und die letzte Gleichung verlangt, als Bedingung einer stets richtigen Messung des Quantums, daß die sich einstellenden Drücke nach der besonderen Kurve, Fig. 72, verlaufen sollen. Besitzt ein mano-

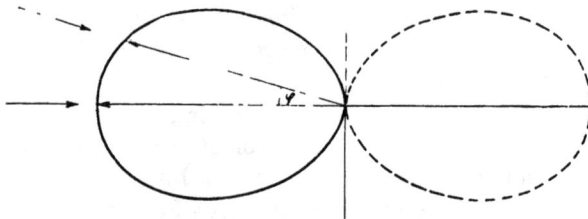

Fig. 72.

metrischer Apparat diese Eigenschaft, wenigstens soweit bei einer gewöhnlichen Leitung Bewegungen in schiefer Richtung auftreten, so können hiernach die Mengen immer richtig bestimmt werden, unabhängig von zufälligen Störungen in einem Rohr und auch unabhängig von der Art und der Stärke der Rohrleitungen, welche je verschiedene Wirbelungen hervorbringen.

Sachverzeichnis.